U0664311

齐鲁花境作品赏析

主编／秦永建 卢洁 王媛 盛升

中国林业出版社
CFPH China Forestry Publishing House

图书在版编目（CIP）数据

齐鲁花境作品赏析 / 秦永建等主编. -- 北京 : 中国林业出版社, 2025. 3. -- ISBN 978-7-5219-3190-7

Ⅰ. S688.3

中国国家版本馆CIP数据核字第2025YW6721号

策划编辑：何　蕊

责任编辑：杨　洋

封面设计：北京鑫恒艺文化传播有限公司

出版发行：中国林业出版社

（100009，北京市西城区刘海胡同7号，电话010-83143580）

电子邮箱：cfphzbs@163.com

网址：https://www.cfph.net

印刷：河北京平诚乾印刷有限公司

版次：2025年3月第1版

印次：2025年3月第1次

开本：787mm×1092mm 1/16

印张：11.75

字数：210千字

定价：120.00元

编委会

主　编

秦永建　卢　洁　王　媛　盛　升

副主编

韩冠苒　邢广萍　路洪贵

编　委

（按姓氏拼音排序）

艾　钊　白东海　白瑞亮　柏斌斌　曹玉翠　戴同霞　丁　楠
房德高　巩肖楠　韩冠苒　霍瑞燕　李　宁　李通飞　刘方肖
刘　飞　刘红伶　刘华梅　刘　琳　刘　冉　路洪贵　卢　洁
孟晓烨　潘雪雁　庞　博　秦永建　邱禹霖　曲启翔　盛　升
隋艳晖　孙青玲　镡玉玲　王　兵　王　晨　王　娟　王钧花
王　珺　王润国　王铁玖　王小柱　王　媛　魏雪莲　邢广萍
徐凤爱　薛静芳　薛云凤　杨玉成　张刘东　张秀华　赵传霞
赵春磊　赵志新　周　丹　周继磊

齐鲁花境作品赏析

前言

党的二十届三中全会提出聚焦建设美丽中国，加快经济社会发展全面绿色转型，健全生态环境治理，推进生态优先、绿色低碳发展，促进人与自然和谐共生。构建支持全面创新体制机制，必须深入实施科教兴国战略、人才强国战略、创新驱动发展战略。花卉产业既是驱动经济发展的鲜活力量，也是推进建设美丽中国的重要载体之一。花境作为一种效仿自然植物群落、体现植物个体与群体之美的景观形式，具有景观生态自然、季相鲜明有序、维护低碳可控等景观特质，因而受到越来越多的关注和应用。花境是城市绿地景观中的“珍珠”与“标尺”。随着“美丽中国”“生态园林城市”建设等国策的推进，花境在城市绿化景观中的地位日益突出，已经并将继续被热点城市应用于植物景观的营造与提升。随着城市管理精细化程度提高，花境成为城市微改造、特别是口袋公园建设中植物景观的首选。随着人们生活水平的提高，城市居民对居住环境提出了更高的要求，其中包括对私有空间环境的美化要求，花境之美正在进入私家庭院。

党的十八大以来，习近平总书记多次亲临山东视察，做出重要指示批示，为山东发展把脉定向、掌舵领航。 为全面落实习近平总书记对山东工作的重要指示要求，践行习近平总书记绿水青山就是金山银山的重要理念， 同时深入贯彻中央和省委人才工作会议精神，明确人才兴鲁战略部署，打造具有山东特色的新时代人才集聚高地，山东省自然资源厅主办、山东省林业保护和发展服务中心承办了三届山东省“技能兴鲁”职业技能大赛——山东省花境职业技能竞赛。竞赛积极挖掘山东省花卉文化、花卉发展新成果新技术和乡土植物资源，努力创建了具有山东特色的花境作品，集中彰显了齐鲁花卉文化，促进了花境概念和景观特质的进一步普及，带动了花境和插花专业技能人才的成长，为山东省的花境产业发展奠定了基础，也为国内同类花境赛事提供了可资借鉴的经验。

本书以齐鲁花境为主题，介绍了齐鲁花境营造的基本概念与理论，设计原则与要素，养护管理措施以及齐鲁花境评价的标准。重点展示了山东省“技能兴鲁”职业技能竞赛——山东省花境职业技能竞赛获奖作品，分别对作品的设计理念与技法进行了概述，并邀请苏州职业技术学院成海钟教授对作品点评，以期对花境作品营建提供理论依据和技术支撑。

主编

2025年1月

目录

前言

第一部分

齐鲁花境营造实践应用导论

第一章　基本情况……2
第二章　花境材料选择……7
第三章　花境设计……10
第四章　养护管理……11
第五章　评价分析……12
参考文献……13

第二部分

齐鲁花境获奖作品赏析

一等奖作品

1 《齐境》……16
2 《花溪地》……24
3 《丝路花屿》……30

二等奖作品

1 《如梦园——哲・爱・愈》……36
2 《足下文化与野花之美》……43
3 《山水间・花影处・泉城里》……49
4 《泉・瀑・隐士》……55

5 《纸此锦绣 陌上花开》…… 60
6 《东方秘境——绿野仙踪，灵美花漾》…… 66
7 《梦乡花境》…… 71
8 《清泉石涧，步步生花》…… 75
9 《红色沂蒙，绿色传承》…… 83
10 《丝走千年，绣绘乾坤》…… 88
11 《顺风顺水》…… 93
12 《一城繁花，两河锦绣》…… 97

三等奖作品

1 《海岱花洲》…… 101
2 《齐鲁青绿，海岱阆风 》…… 106
3 《望海》…… 111
4 《留仙幻境》…… 115
5 《齐迹》…… 119
6 《杏坛遗风　锦绣花都 》…… 126
7 《旷野新生 》…… 130
8 《经略海洋》…… 135
9 《花漾如梦》…… 141
10 《云溪荷香·天光云影共徘徊》…… 145
11 《水韵—凤凰城》…… 149
12 《“荷谐玫好”多彩生活》…… 153
13 《多彩新琅琊 》…… 158
14 《云端逸境》…… 163
15 《以“鲤”相待，好客山东，“鲤”乐泉城》…… 167
16 《莒绣风华，杏遇春秋》…… 172
17 《百花悦夏》…… 177

第一部分

齐鲁花境营造实践应用导论

第一章

基本情况

一、主要概念

花境起源于英国，随着花园风格、植物材料、设计思路的成熟，在欧美国家逐渐成为流行的造景方式。但发展伴随的历史背景、地理条件、审美观念和应用场景等因素导致花卉界未能形成统一的、明确的、完整的定义。

我国引入花境应用和概念的时间较晚。随着花境应用范围的不断扩大，结合花境应用场所的多样性和复杂性，以及我国南北方地域、文化、植物材料和审美评价偏好等因素，多数地区在花境的设计风格、设计思路、植物选择及场地应用等方面存在一定差异。总体来看，花境多以多年生植物搭配为主，包括宿根花卉、球根花卉以及花灌木等材料。根据不同的营造和表现形式，或借助树丛、树群、绿篱、矮墙或建筑物作为背景，或以植物材料为主题，在立面、色彩和季相上富于变化，模拟自然界中林地边缘地带多种野生花卉交错生长的状态，以此展现植物本身的自然美及其自然组合的群落美。花境的种植材料中，花卉以多年生宿根花卉为主，通过点缀搭配常绿植物、观赏草，形成稳定的植物群落组合模式。这种模式具有与周围环境和谐相融、季相变化丰富、维护成本低及景观效果长久的特点。

学术界认为，花境是设计艺术造型和主题形式的表现，通过设计将植物配置营造成错落有致的自然生长形态。北京林业大学明确界定花境是自然与设计高度融合的概念要素，认为花境植物主要以宿根和灌木等观花植物为主，形式构成以自然斑块为主，力求在植物高度、季相、色彩上达到和谐的一种园林植物造景形式。

在我国，花境的综合评价还没有统一的标准。近年来，各省（自治区、直辖市）也逐步发展适宜本地区的特色花境，如北方花境积极探索如何利用相比南方更少的植物材料，同时丰富当地优良乡土树种为搭配的灌木或小乔木材料，打造优美、长效、低养护的花境作品，主要应用方式主要体现在公园绿地，植物园等地，也尝试开展一些专类花境，如常绿花境、观赏草花境、岩石花境、滨水花境等。上海和杭州是国内最早开始应用花境的城市，是南方打造花境的先行城市，在园艺技术和景观营造方面均属于全国领先水平。在沪杭地区的公园、街道、居住区及景区等地，花境已经成为绿地植物景观中主要的造景形式之一，丰富的植物材料通过色彩和季相变化，在设计理念、植物材料搭配及场景应用等方面都引领了全国的花境发展。

二、主要特点

由于我国花境的概念引入较晚，加之受我国传统园林设计理念的影响，在前期营造花境时，常能看到花坛、花带、花丛等花卉景观种植手法的影子，相比国外花境通过强调植物材料应用、季相动态变化和植物结构协调来表达植物组合的自然美，国内常通过非植物材料架构来表达作品意境，以及在构图、色彩等方面的艺术性。综合国内对各类花境的设计理念、植物搭配、表现形式、场景应用等研究，归纳总结了花境的主要特点：

（一）设计理念崇尚自然

花境作品多通过设计色彩、植物材料、表现手法等艺术理念将轮廓设计为模拟自然的形式，以期达到源于自然而超于自然景观的效果。植物材料注重形式多样，进行不同花色、花期、高度、种类等组合搭配。平面设计上，采用飘带状、斑块状和围合状等不规则形式。立面效果追求前景、主景和后景高低错落的层次感。

（二）植物材料多样

花境植物以多年生宿根花卉和花灌木为主，以一二年生花卉和球根花卉为辅。近年来，各地打造融合文化、材料等具有当地特色的花境作品，常搭配优良乡土树种、观赏草、观赏石等辅材，充分协调当地环境与特色。

（三）季相变化丰富

通过植物配置，打造三季有花、四季有景的季相，结合花卉种类、色系、花期等，构建稳定植物群落，保持生物多样性。

（四）应用场景广泛

根据花境所处环境、营建花境的功能目的、本地植物材料资源以及日常养护管理技术水平，选择不同的花境类型，如林缘花境、路缘花境、墙缘花境、草坪花境、道路端点花境、岩石花境、滨水花境、阳生花境、阴生花境等。

（五）维护成本较低

花境以多年生植物材料为主，搭配不同花期的植物来展现植物景观的季相变化，减少了植物材料的更换频率，设置合理密度为植物提供适宜的生长空间，搭配应用优良乡土树种，大幅降低维护成本。

三、主要形式

当前国内对花境的分类没有形成统一的分类体系和标准。结合目前发展趋势和共性研究，可以从三大角度对花境进行分类。在每个角度细分的种类中，存在着交叉的情况，如玫瑰花境可以是单花种花境，也可以是单面花境、双面花境或多面花境，同时还可以划分为药用花境等。

（一）植物材料角度

1. 植物搭配。根据花境所用的植物材料分为草本花境（以宿根花卉营建的花境）和混合花境（以宿根花卉为主，搭配小型乔木、花灌木、一二年生花卉等营建的花境）。此外还可根据主要植物材料将花境分为一二年生草花花境、球根花卉花境、观赏草花境、灌木花境、野花花境、专类植物花境等，其中专类植物花境一般是指由相同、相似特点的花卉植物组成，体现出专类植物的共性美的花境，如针叶类别的专类植物花境、宿根类专类植物花境等。根据花境所用主题花卉，可分为单种、双种、多种花境。把设计主题通过设计隐喻、象征等手法对花境进行比拟，将城市建设人为因素和特色植物结合起来，打造菊花主题花境、牡丹主题花境、玫瑰主题花境、月季主题花境等，形成专题类花境。

2. 植物性状。根据植物花色、花期等属性进行分类。按照主要组成花境的植物花色体系来分，可分为单色花境、双色花境、多色花境，其中单色也可以由同色的多个花种组成，多色花境也可由单种花境的不同品种组成。按照主要组成材料的花期来分，一般可分为春、秋、冬三季花境，也可细分为早春花境、初夏花境、春夏花境、仲夏花境、秋冬花境、冬季花境等。

3. 植物生物学特性。主要是以植物的生物特性为依据进行分类，如参考植物对土壤和气候的要求，考虑植物喜阳或喜阴的习性将花境分为旱地花境、中生花境、滨水花境等；如参考植物的经济价值，考虑芳香、食用、药用等特点，又可以将花境分为芳香植物花境、药用植物花境和食用植物花境。

（二）观赏角度

1. 观赏立面。依据花境的观赏角度，一般分为单面、双面和多面观赏花境。单面观赏花境一般以建筑物、绿篱、墙垣等为背景；双面观赏花境一般依托明确分隔带；多面观赏花境一般多为岛式花境。

2．观赏时间。主要依据花境的最佳观赏期来区分，一般可分为单季观赏花境、四季观赏花境。

（三）应用场景角度

根据应用场景的不同，花境一般可分为林缘草坪花境、路缘花境、草坪花境、绿地花境、墙垣花境、滨水花境、庭院花境、岩石花境等。

四、齐鲁花境发展趋势

（一）花境发展现状

山东省是花卉种植、生产和消费大省。近年来，各级制定出台一系列政策措施，着力推动花卉产业发展，有效满足人民群众对花卉产品的需求，逐步形成了具有山东特色的花卉产业发展新格局。2023年，山东省花卉种植面积70.29万亩（1亩≈0.067公顷），销售额172.98亿元，花卉设施栽培面积5400万平方米，供应能力进一步提高。全省建有花卉市场340多处，花店6800多家，网络花店6900多家，花卉超市、网络花店、鲜花速递等零售业态成为重要的交易方式。山东积极组织参加国内举办的历次世界园艺博览会、花卉博览会等国际及国家级花事活动，每年自主开展济南花卉园艺博览会、中国（青州）花卉博览交易会等花事活动，实现了花卉产业和花卉文化的相互促进、融合发展，花卉产业发展态势持续向好。

2022年，山东省自然资源厅举办了首届花境职业技能竞赛。该竞赛被列入省级二类技能竞赛，冠名“技能兴鲁——山东省花境职业技能竞赛”。2022—2024年，山东连续3年成功举办花境竞赛，先后在潍坊青州市、威海环翠区、临沂罗庄区举办。共有51家单位申报参赛，经对申报单位的设计方案进行评审，遴选确定落地施工单位。花境作品完成后邀请来自浙江大学、北京林业大学、苏州职业技术学院、山东农业大学、青岛农业大学等国内知名花境专家、教授进行评审，选取“开幕+维护+闭幕”3个重要节点综合评分，最终评选出最佳花境。其间组织召开全省花卉产业高质量发展研讨班、花境专题培训班等活动，分析全省花卉产业现状，梳理总结存在的问题，谋划下一步重点工作，尤其是对花境的发展提出了明确的要求和推进措施。

综合近三届“技能兴鲁——山东省花境职业技能竞赛”情况，取得显著成效，主要体现在以下三个方面：一是受众面越来越广；二是作品水平越来越高；三是影响力日益增强。

（二）主要问题

山东省花境发展除了和国内花境发展存在共性问题之外，还受到植物材料、设计理念和文化差异等因素的影响，主要体现在以下几个方面。

1．**设计理念不够清晰**。花境发展初期，专门的花境设计师人才匮乏，对花境的理解不够明确，花境设计师与植物专家脱节。花境植物材料选择盲目，一般是对国外花境景观和南方成熟花境作品理念的简单模仿，没有深度融合山东省省情，设计植物也多以南方花境的植物种类为主，本省文化和优良乡土植物运用不足，导致主题不够鲜明，花境的经济价值、生态价值未得到体现。

2．**花境作品不够普及**。山东省城市绿化仍多以普通园林作品形式体现，常以花坛、花带等方式进行美化，城市景观建设过程中普遍以绿化为主，出现“绿量”高而“花量”水平较低，花境景观应用不足等问题。如济南、青岛等城市花境作品常见于道路绿化、小区美化、公园建设等，而其他城市花境作品鲜见于城市绿化中。

3．**花境主题不突出**。多年来，山东省扶持打造了牡丹、芍药、玫瑰、月季、荷花、仙客来、菊花等山东省十大花卉，然而各城市花境景观打造中仍较少使用十大花卉等主题植物材料，造成地区特色景观不够显著。

4．**花境作品质量偏低**。当前城市建设的花境作品中植物材料选择草本花卉和花灌木种类较少，尤其是宿根花卉的比例不足，花卉种类选择单一，花色、花期等设计元素考虑偏少，季相变化不够丰富，花境景观建设水平和质量需要进一步提升。

（三）发展思路

以当前组织开展的全省花境职业技能竞赛为契机，打造“技能兴鲁——山东花境”特色品牌，以山东省优良乡土特色花卉为主材，融合中国传统文化尤其是齐鲁文化，创新丰富设计理念，培养花境技能人才，着力提升花境水平，引导花境建设由简单模仿向文化融合转变、向本土特色转变、向长效化转变、向低维护转变，逐步构建山东省特色花境发展新格局，推动全省花卉产业高质量发展。

第二章

花境材料选择

花境组成植物材料丰富，要秉持节约成本、长效、低维护原则，一般应以宿根花卉为主，灌木为辅，以适应山东省生长环境的主要花卉为主，引进观赏草、新品种花卉等为辅，选择抗逆性强的植物材料。植物材料要求观赏价值高，观赏花期绿期长（一般在2个月以上），且具有呈现水平和纵向线条景观、丛状景观或独立景观的要素。灌木一般选择山东省优良乡土树种，具有观赏性、抗逆性、低维护等特性，搭配其他植物形成高低错落、季相丰富的综合景观。

推荐植物名录：

序号	植物材料	科属	花期	类型
1	矮牵牛	茄科矮牵牛属	4—10月	观花
2	白晶菊	菊科白晶菊属	3—5月	观花
3	百子莲	石蒜科百子莲属	7—8月	观花
4	薄荷	唇形科薄荷属		观叶
5	秋英	菊科秋英属	6—8月	观花
6	朝雾草	菊科蒿属		观叶
7	大花滨菊	菊科滨菊属	7—9月	观花
8	大丽花	菊科大丽花属	6—12月	观花
9	棣棠	蔷薇科棣棠属	4—6月	观花
10	肾形草	虎耳草科矾根属		观叶
11	风箱果	蔷薇科风箱果属	6月	观花
12	凤尾丝兰	天门冬科丝兰属		观叶
13	佛甲草	景天科景天属		观叶
14	福禄考	花荵科福禄考属	5—10月	观花
15	龟甲冬青	冬青科冬青属		观叶
16	黑心菊	菊科金光菊属	6—9月	观花

（续）

序号	植物材料	科属	花期	类型
17	红瑞木	山茱萸科山茱萸属		观茎
18	鸡爪槭	无患子科槭属		观形
19	金光菊	菊科金光菊属	7—10月	观花
20	金鸡菊	菊科金鸡菊属	7—9月	观花
21	锦带花	忍冬科锦带花属	4—6月	观花
22	景天属	景天科		观叶
23	蓝冰柏	柏科柏木属		观叶
24	蓝羊茅	禾本科羊茅属		观叶
25	狼尾草	禾本科狼尾草属		观叶
26	耧斗菜	毛茛科耧斗菜属	5—7月	观花
27	络石	夹竹桃科络石属	3—7月	观花
28	落新妇	虎耳草科落新妇属	6—9月	观花
29	马鞭草	马鞭草科马鞭草属	7月	观花
30	麦冬	百合科沿阶草属	5—8月	观叶、花
31	玫瑰	蔷薇科蔷薇属	5—6月	观花
32	美人蕉	美人蕉科美人蕉属	3—12月	观叶
33	迷迭香	唇形科迷迭香属	11—3月	观花
34	牡丹	芍药科、芍药属	4—5月	观花
35	南天竹	小檗科南天竹属	3—6月	观花、叶
36	千屈菜	千屈菜科千屈菜属	7—9月	观花
37	三色堇	堇菜科堇菜属	4—7月	观花
38	芍药	芍药科芍药属	4—5月	观花
39	石蒜	石蒜科、石蒜属	8—9月	观花
40	石竹	石竹科石竹属	5—6月	观花
41	蜀葵	锦葵科蜀葵属	3—8月	观花
42	鼠尾草	唇形科鼠尾草属	6—9月	观花

（续）

序号	植物材料	科属	花期	类型
43	穗花牡荆	唇形科牡荆属	7—8月	观花
44	铁筷子	毛茛科铁筷子属	4月	观花
45	细叶芒	禾本科芒属		观叶
46	仙客来	报春花科仙客来属	11—3月	观叶
47	绣球	绣球科绣球属	6—8月	观叶
48	绣球荚蒾	荚蒾科荚蒾属	6—9月	观叶
49	绣线菊	蔷薇科绣线菊属	6—8月	观叶
50	萱草	阿福花科萱草属	5—7月	观叶
51	沂州海棠	蔷薇科木瓜海棠属	4月	观叶、形
52	银杏（丛生）	银杏科银杏属		观形
53	鸢尾	鸢尾科鸢尾属	4—5月	观花、叶
54	迎春花	木樨科素馨属	3—4月	观花
55	玉簪	天门冬科玉簪属	8—9月	观叶
56	月季	蔷薇科蔷薇属	4—10月	观花
57	紫丁香	木樨科丁香属	4—5月	观形
58	紫薇	千屈菜科紫薇属	6—9月	观花、形
59	紫叶小檗	小檗科小檗属	4—6月	观叶

花境设计

一、设计原则

（一）适生性原则

在选择植物材料时，应优先选择优良乡土植物材料，尤其是宿根及木本植物材料，充分利用其抗逆性、低维护等优势，展示地域性特色和植物特性，在丰富植物材料的同时，维持群落的生物稳定性，降低花境的维护成本。典型代表如华北地区“乡土地被经典五侠”：由华北地区主要乡土地被植物连钱草、垂盆草、青绿薹草、崂峪薹草和委陵菜组合，极具观赏性和适生性。

（二）协调性原则

注重整体美与自然性相协调，色彩基调与整体风格的相匹配，充分考虑色彩和季相的动态变化，以及花境的整体色调搭配的主次有序。巧妙运用中间色、复合色、同类色进行搭配，营造自然和谐的花境。常见搭配方式有绿色可搭配橙色、粉色、红色或紫色；红色可与粉色、紫色或橙色搭配，也可与白色、银色搭配。

（三）长效性原则

花境的长效性一般通过长观赏期和低维护两个方面衡量。其中，设计中根据立地条件选择多年生抗逆性强的宿根植物，高低错落、趋于自然，预留植物生长空间，延长花卉的观赏期。选择优良、适生、易打理的宿根花卉为主，达到花期长、有差异、色彩丰富的目标。如后景植物尽量选择优良乡土常绿植物搭配花灌木，中景层以当地宿根花卉形成稳定的主调景观，前景层选择适生的地被植物，既衬托了主调景观，又增加了作品的立面层次感。

二、设计要素

花境的设计要素一般包含种植床设计、种植设计、季相设计等。其中，种植设计又常包括平面设计、立面设计、背景设计、边缘设计、植物材料选择、色彩设计、季相设计等方面。也有从花境的色彩设计、花境风格、植物组合搭配、尺度设计等方面进行确定的，融合色彩丰富度、色彩组成、色彩冷暖、对比度、绿色占比等色彩相关因素以及植物空间结构、视觉距离等非色彩相关因素统筹设计。

以部分种植设计为例：

（一）植物设计

根据植物的高度，一般将其分为基底层（40cm以下）、美学层（40～120cm）和结构层（120cm以上）。基底层植物一般种植在花境的边缘，起到界定范围、美化轮廓的作用。美学层植物是花境的主调景观，主要用于表达作品的主题。结构层植物一般作为花境的后景，通常选择小乔木或灌木，衬托美学层的景观。

（二）平面设计

通常采用自然团块的方式混种搭配植物，由多个自然团块构成花境整体。同一品种植物形成的单团块，在水平方向的外轮廓主要有圆形、椭圆形、条带形、自由形等。

（三）立面设计

通过应用高低错落的植物材料，在株高、株型、叶片、花序等方面突出立面层次。

（四）色彩设计

类似色设计，主要应用色调统一的层次变化设计花境效果；互补色设计，通过设计丰富的色彩层增加视觉冲击；混色搭配设计，通过丰富多样的色彩变化层次增加花境明快度。

（五）季相设计

通常根据植物的主要观赏季节将植物分成四类，分别为春季观赏植物（3—5月）、夏季观赏植物（6—8月）、秋季观赏植物（9—11月）、冬季观赏植物（12月至次年2月）。选择植物材料时要充分考虑同一植物的最佳观赏期及其在不同季节的表现，形成季相丰富的花境景观。

第四章 养护管理

花境的养护管理主要包括浇水、除草、施肥、修剪、支撑、覆盖物、病虫害防治、补栽及换花等多个环节，可以参考魏钰、朱仁元《花境设计与应用大全》等关于花境养护管理的方法。

评价分析

当前，各地对花境景观效果的评价标准不一。根据全国花境大赛、各省份花境大赛的经验做法，山东省逐渐形成了花境作品的评价项目和赋分标准，可供花境营建与评价参考。

花境作品评分标准：

第一轮评审表

序号	项目	内容	分值	得分
1	方案呈现（15分）	主要用植物语言演绎作品主题，作品主题可辨识度高	5（3～5）	
		尊重设计方案，设计意图实现程度高	10（6～10）	
2	景观效果（40分）	平面斑块自然活泼而不呆板	10（6～10）	
		立面高低错落，层次丰富而不杂乱	10（6～10）	
		主色调突出，色彩和谐	10（6～10）	
		群落和谐，符合花境景观特质	10（6～10）	
3	园艺技术（25分）	空间分隔与微地形合理	5（3～5）	
		栽植密度合理，留有生长空间	10（6～10）	
		栽植深度合理，床面平整	5（3～5）	
		植物健壮，株型完整，姿态自然	5（3～5）	
4	整体观感（10分）	作品符合“美观、长效、低维护”的总体目标	10（6～10）	
5	施工管理（10分）	工完场清，符合节约型园林和文明施工要求	5（3～5）	
		养护技术指导针对性、可操作性强	5（3～5）	
6	合计（100分）		100	

第二、三轮评审表

序号	项目	内容	分值	得分
1	方案呈现（10分）	作品主题鲜明，设计意图实现度高	5（3～5）	
		主要用植物语言演绎作品主题	5（6～10）	
2	景观效果（50分）	平面斑块自然活泼而不呆板	10（6～10）	
		立面高低错落，层次丰富而不杂乱	10（6～10）	
		主色调突出，色彩和谐	10（6～10）	
		植物个体生长正常，能体现自身观赏特征	10（6～10）	
		群落和谐，符合花境景观特质	10（6～10）	
3	园艺技术（30分）	水、肥管理和修剪养护合理，无明显干旱、水涝、肥害和残花败叶现象	10（6～10）	
		植物生长正常，无明显病虫危害症状	10（6～10）	
		群体密度合理，无明显拥挤现象	10（6～10）	
4	养护指导（10分）	养护指导及时，遇到问题响应时间快	5（3～5）	
		养护指导科学、合理、可操作性强	5（3～5）	
5	合计（100分）		100	

注：本花境作品评分标准适用于以“美观、长效、低维护”为竞赛导向，赛制为对落地作品实行三次评审的竞赛，以及市政花境质量评价。

参考文献：

王美仙. 花境起源及应用设计研究与实践[D]. 北京: 北京林业大学，2009.

王慧滨. 花境植物选择及应用对策分析——以广州锦绣香江花园等处为例[D]. 南昌: 江西农业大学，2016.

王慧滨. 花境植物选择及应用对策分析—— 以广州锦绣香江花园等处为例[D]. 南昌: 江西农业大学，2016.

徐卉. 花境在南京城市建设中的运用——以南京市玄武主城区花境为例[D]. 南京: 南京农业大学，2018.

刘莉. 沪杭地区长效型花境设计研究[D]. 杭州: 浙江大学，2019.

陈炼. 城市花境空间辨识、评价与规划优化——以重庆市主城中心城区为例[D].

重庆: 重庆大学，2020.

刘佩轩. 沈阳市花境植物材料选择与应用设计研究[D]. 沈阳: 沈阳建筑大学，2021.

杜楠. 北方城市公园花境配置的模式研究[D]. 哈尔滨: 东北农业大学，2022.

秦诗语. 上海市公园绿地花境景观评价及基于深度学习的花境设计方法构建研究[D]. 北京: 北京林业大学，2022.

王定一. 基于公众评价的花境景观提升策略研究[D]. 杨凌: 西北农林科技大学，2022.

壮婧曅. 基于公众审美偏好和情感感知的花境色彩特征量化研究——以沪杭地区花境为例[D]. 杭州: 浙江大学，2022.

高欣. 基于随机森林的花境景观质量循证研究[D]. 沈阳: 沈阳农业大学，2023.

刘好玉. 杭州城市绿地花境色彩量化与偏好研究[D]. 杭州: 浙江农林大学，2023.

李明. 华北地区花境植物的材料选择与设计研究——以北京市为例[D]. 石家庄: 石家庄铁道学院，2023.

李亚迪. 花境在城市公园中的设计研究——以苏州市东沙湖公园花境设计为例[D]. 苏州: 苏州大学，2023.

第二部分

齐鲁花境获奖作品赏析

一等奖作品 3

❶《齐境》

2022年

山东怡然园艺科技股份有限公司

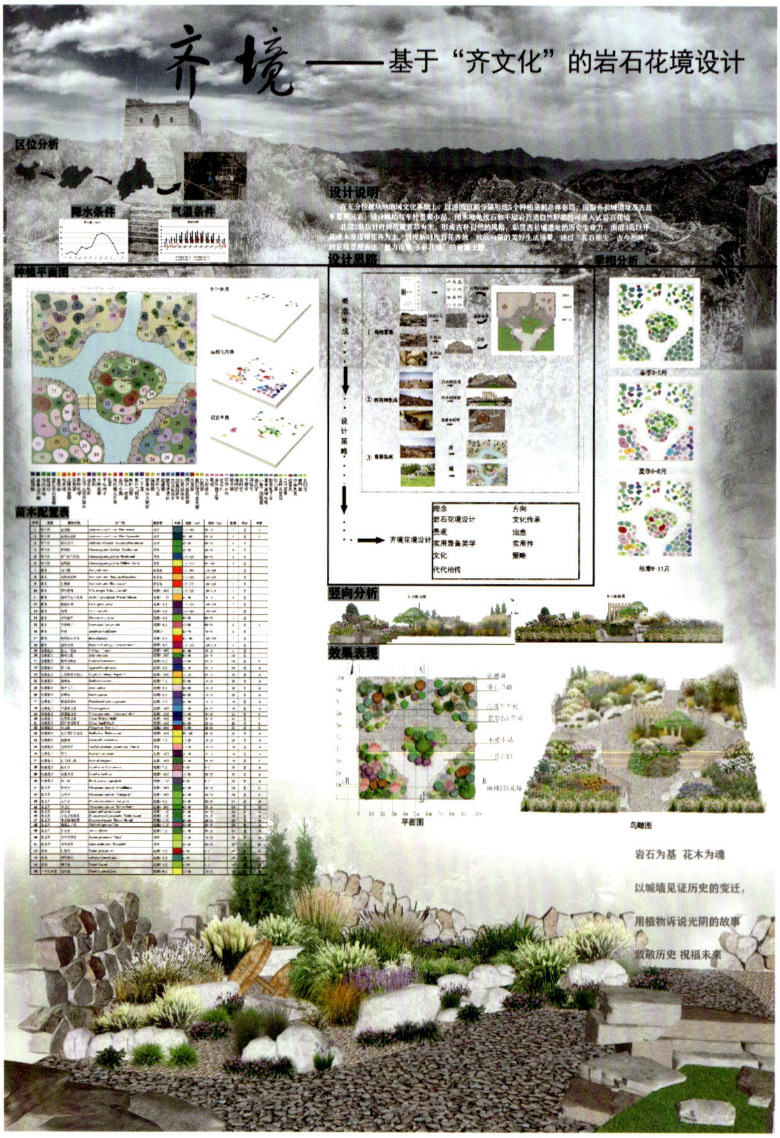

作品简介

作品名为《齐境》，项目建造点位于齐国故地，提取齐长城遗址及古战车景观元素作为文化背景。方案命名为《齐境》有两重含义，一是表达对历史的敬重；二是表达对花境事业百花齐放、欣欣向荣的期待和祝福。

项目建设面积110m^2，基本为方形的地块。我们在空间上做了上下两层的处理。上层空间致敬历史，下层空间面向未来。上层2岛以针叶树及观赏草为主，形成古朴自然的风格，彰显古长城遗址的历史生命力。中部及下层3岛以开花灌木及宿根花卉为主，展现新时代百花齐放、欣欣向荣的美好生活场景。

岩石为基，花木为魂，以城墙见证历史的变迁，用植物诉说光阴的故事。

通过“花石相生、古今相映”的花境景观，表达“魅力山东 多彩花境”的竞赛主题。

齐境——基于“齐文化”的岩石花境设计
岩石为基 花木为魂 以城墙见证历史的变迁
用植物诉说光阴的故事 致敬历史 祝福未来
古老的齐长城横亘于齐鲁大地，
历史的长河为我们留下数不尽的文化瑰宝。结合“魅力山东 多彩花境”的竞赛主题，本次方案提取齐长城遗址及古战车景观元素，采用当地石材和适合岩石环境的植物材料，营造自然野趣的可进入式岩石花境。

专家点评

该作品较好地契合了大赛对弘扬齐鲁文化的要求，并利用植物的文化语言演绎了作品的主题。设计上前后两部分采用不同类型的植物分别体现“致敬历史”与“面向未来”的作品内涵。植物配置手法娴熟，平面斑块与立面层次符合花境景观特质。半掩半露的古代战车车轮、适当的留白和本色无机覆盖物强化了作品借古喻今的风格。

（续）

序号	材料名称	规格	数量
1	穗花牡荆	7加仑	2
2	八宝景天		5
3	白花矮生百子莲	1加仑	15
4	白花美女樱	1加仑	9
5	白花蓍草	1加仑	5
6	北美腹水草	1加仑	12
7	扁叶刺芹	2加仑	1
8	滨菊‘白雪公主’	1加仑	6
9	橙花糙苏	1加仑	9
10	丛生百日红紫薇		1
11	丛生丁香		1
12	粗茎鳞毛蕨	2加仑	2
13	大花秋葵	30美植袋	2
14	钝叶地榆	1加仑	8
15	多刺老鼠簕	2加仑	3
16	芳香万寿菊	7加仑	1
17	粉黛乱子草	2加仑	10
18	粉缎婆婆纳	1加仑	20
19	风铃草	1加仑	10
20	扶芳藤	1加仑	7
21	福禄考‘翡翠蓝’	1加仑	2
22	歌舞芒	21cm×26cm盆	5
23	枸杞		1
24	果汁阳台月季	3加仑	6
25	黑龙草	12红盆	10
26	红豆杉		3
27	红花槭葵	2加仑	3
28	红穗柳枝稷		3
29	花叶毛核木	35美植袋	1
30	花叶鱼腥草	1加仑	2

（续）

序号	材料名称	规格	数量
31	画蕨	5加仑	6
32	画眉草		3
33	黄金海岸刺柏	40美植袋	1
34	黴菜蕨	2加仑	2
35	火星花	1加仑	10
36	火云柏	30美植袋	5
37	鸡爪槭		1
38	姬小菊	1加仑	20
39	戟叶孔雀葵	5加仑	2
40	荚果蕨	2加仑	5
41	角柏	30美植袋	5
42	金鸡菊	1加仑	50
43	金色达科塔堆心菊	1加仑	30
44	金属紫矾根	1加仑	10
45	橘黄崖柏	3加仑	1
46	凯尔红瑞木	2加仑	2
47	蓝湖柏		1
48	蓝姬柳枝稷	2加仑	3
49	蓝剑柏	30美植袋	2
50	蓝色波尔瓦柏		3
51	蓝雾草	1加仑	10
52	蓝羊茅	15盆	30
53	狼尾花	2加仑	10
54	玲珑芒	21cm×26cm盆	5
55	柳叶马鞭草		20
56	马棘	5加仑	2
57	马利筋		20
58	麦冬		40
59	毛蕊花	2加仑	5
60	美丽胡枝子	40美植袋	1

（续）

序号	材料名称	规格	数量
61	密花千屈菜	1加仑	6
62	绵毛水苏	1加仑	4
63	墨西哥飞蓬	1加仑	5
64	木蓝	50美植袋	1
65	柠檬棒冰火炬花	2加仑	30
66	皮球柏		3
67	品种唐菖蒲	1加仑	5
68	平枝栒子	3加仑	1
69	铺地柏	30美植袋	8
70	蒲棒菊	1加仑	20
71	千里光	1加仑	5
72	千鸟花	1加仑	7
73	千日红	1加仑	4
74	秋金光菊	2加仑	50
75	盛情松果菊	1加仑	20
76	鼠尾草	1加仑	60
77	双色补血草	1加仑	2
78	随意草	2加仑	11
79	苔草		20
80	太平洋亚菊	2加仑	1
81	天人菊‘梅萨’	1加仑	7
82	甜薰衣草	1加仑	3
83	庭院百合	3加仑	8
84	通脱木	5加仑	2
85	头花蓼	40cm×40cm方盘	1
86	细叶银蒿	2加仑	2
87	狭叶花叶络石	1加仑	2
88	狭叶马兰	1加仑	50
89	香叶石菖蒲	1加仑	3
90	小蓝耳玉簪	30美植袋	10

（续）

序号	材料名称	规格	数量
91	小盼草		3
92	小兔子狼尾草		10
93	小珍妮剪秋萝	1加仑	6
94	新西兰扁柏	30美植袋	3
95	星花玉兰‘詹妮’	7加仑	1
96	绣线菊‘小公主’	2加仑	1
97	萱草	1加仑	31
98	焰火一支黄	5加仑	1
99	洋蓟	40美植袋	5
100	银莲花	1加仑	1
101	银香菊	1加仑	8
102	银旋花	2加仑	2
103	银叶菊		5
104	原生风轮菜	1加仑	6
105	圆锥绣球	5加仑	2
106	重瓣荷兰菊	1加仑	20
107	重瓣瞿麦	1加仑	10
108	紫红钓钟柳	2加仑	1
109	紫花蛇鞭菊	1加仑	20
110	紫叶风箱果	3加仑	3
111	紫叶珊瑚钟	1加仑	4
112	醉鱼草		2

②《花溪地》

2023年

青岛青枫景观设计有限公司

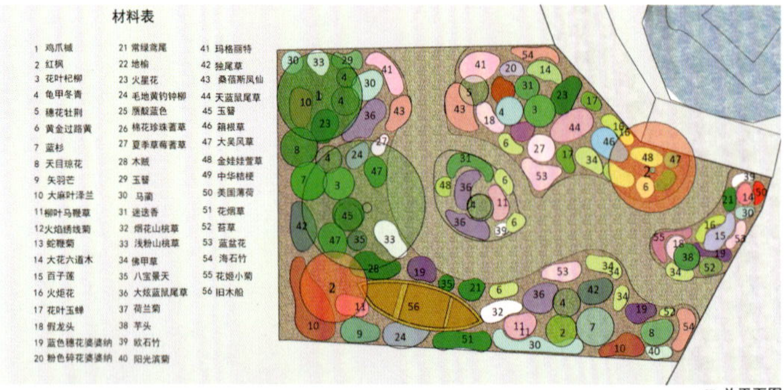
材料表
1 鸡爪槭
2 红枫
3 花叶杞柳
4 龟甲冬青
5 穗花牡荆
6 黄金过路黄
7 蓝杉
8 天目琼花
9 矢羽芒
10 大麻叶泽兰
11柳叶马鞭草
12火焰绣线菊
13 蛇鞭菊
14 大花六道木
15 百子莲
16 火炬花
17 花叶玉蝉
18 假龙头
19 蓝色穗花婆婆纳
20 粉色穗花婆婆纳
21 常绿鸢尾
22 地榆
23 火星花
24 毛地黄钓钟柳
25 厩鲛蓝色
26 棉花珍珠蓍草
27 夏季草莓蓍草
28 木贼
29 玉簪
30 马蔺
31 迷迭香
32 烟花山桃草
33 浅粉山桃草
34 佛甲草
35 八宝景天
36 大炫蓝鼠尾草
37 荷兰菊
38 芋头
39 欧石竹
40 阳光滨菊
41 玛格丽特
42 独尾草
43 桑蓓斯凤仙
44 天蓝鼠尾草
45 玉簪
46 箱根草
47 大吴风草
48 金娃娃萱草
49 中华桔梗
50 美国薄荷
51 花烟草
52 苔草
53 蓝盆花
54 海石竹
55 花姬小菊
56 旧木船

■ 总平面图

■ 立面图

■ 效果图

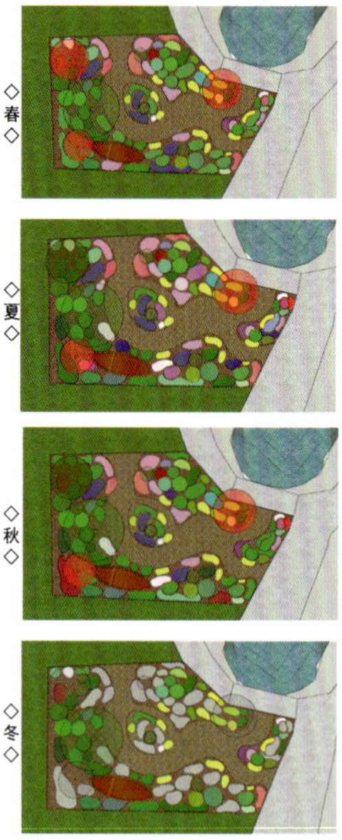
春
夏
秋
冬

■ 季相图

设计说明：

一、项目概况

本项目位于威海市环翠区华夏生态林场内，场地位于低山丘陵区的中下部分。冬季时长相对较长。场地围绕一处水系展开，水系相对宽敞而平坦，水质清澈见底，花境区域坡度10°～20°，较为舒缓。周边被乔木环绕，自然环境条件较好，阳光充足。花境区域约100㎡。

二、设计策略

1. 充分利用现场的水系、小桥、地势高差，使花境作品与现场的水系、小桥和树木产生联系。
2. 注意留白，给植物以生长空间，让花长成花。
3. 坚持生态性和持久性，选择以低维护品种的宿根类花卉为主。除了在设计中考虑色彩、层次、季相变化的搭配外，充分尊重植物的生态性，让植物种在正确的地方。
4. 设计中考虑北方冬季时间较长，在花境的搭配中兼顾冬季的景观效果。

三、设计主题

作品名称：花溪地，意在体现山坡上、水系旁、自然生长的野花顺坡而下，遇到停泊的小船形成自由烂漫的花溪地。

场地中间砾石小路搭配景石，比拟为潺潺溪水，充分利用人的亲水性和亲自然性，把花与水，花与树，花与小船，花与草地自然地融合到一起。

以花为媒，以水为介，以船为景，营造自然美好的胶东渔家文化。

植物养护计划表

月份	内容						
	浇水	修剪	除草	施肥	预防病虫害	松土	植物扶架
1月	防冻水一遍	宿根落叶类植物修剪	—	—			
2月	解冻水一遍	宿根落叶类植物修剪	—	发酵羊粪或者生物菌剂	开木清园，预防病虫害		
3月	根据天气状况常规浇水	—	一次			根系周边松土	
4月	根据天气状况常规浇水	花谢后修剪，1次	根据具体情况				
5月	根据天气状况常规浇水	花谢后修剪，1次	根据具体情况			根系周边松土	
6月	根据天气状况常规浇水	花谢后修剪，1次	根据具体情况	微生物液体菌肥灌根1遍			
7月	根据天气状况常规浇水	花谢后修剪，1次	根据具体情况	微生物液体菌肥灌根1遍		根系周边松土	柳叶马鞭草需处理
8月	根据天气状况常规浇水	花谢后修剪，1次	根据具体情况				
9月	无降雨条件下一个月4次浇水	花谢后修剪，1次	根据具体情况				
10月	无降雨条件下一个月2次浇水	花谢后残花修剪，枯枝修剪，1次	根据具体情况	微生物液体菌肥灌根1遍		根系周边松土	
11月	无降雨条件下一个月3次浇水		—				
12月	无降雨条件下一个月1-2次浇水	落叶清理，枯枝修剪	—			根系周边松土	

■ 养护计划

植物更换计划表

序号	月份	可能更换植物	学名	更换原因
1	7-8月	柳叶马鞭草	*Verbena bonariensis*	大风降雨天气出现倒伏
2	8月	海石竹	*Armeria maritima*	高温高湿，排水不畅，引起烂根
3	7-8月	欧石竹	*Duftnelke 'Utusroi'*	高温高湿，排水不畅，引起烂根

■ 更换计划

Duftnelke 'Utusroi'

水系旁，山坡上，停留许久的老槐木船，还保留着对大海的记忆。

自然生长的野花，顺坡而下。

风过林间，吹起水的涟漪，也吹起花的摇曳。

以水为镜，以松为背景，倒映着花与水，花与树，花与石，花与木的对话。

本项目所用全部素材均可全部在威海露地越冬，充分表达了花境的可持续、美好和治愈。

专家点评

该作品充分利用坡面地形，以植物配置为主形成半障半透的花境景观。植物材料坚持以宿根花卉为主，植物配置以仿自然点植手法为主，色彩以冷色调为主，形成自然而清新的作品风格。植物的适生性和合理的栽植密度，为花境长效性打下了良好的基础。色泽幽暗的枕木和形态自然的石块较好地烘托了作品的气质。

（续）

序号	材料名称	规格	数量
1	红枫		2
2	喷雪花	5 加仑	5
3	穗花牡荆	5 加仑	1
4	圆锥绣球	8 加仑	4
5	大鸢尾	5 加仑	4
6	柳叶白菀	2 加仑	50
7	粉花溲疏	8 加仑	6
8	美国薄荷	1 加仑	20
9	超级大矾根	5 加	2
10	金光菊	2 加仑	35
11	大千屈菜	5 加仑	5
12	毛地钓钟柳	2 加仑	20
13	箱根草	3 加仑	25
14	木贼	3 加仑	18
15	蛇鞭菊	1 加仑	30
16	棉花珍珠蓍草	8 加仑	5
17	夏季莓蓍草（多色）	8 加仑	3
18	百子莲	5 加仑	12
19	迷迭香	1 加仑	20
20	宿根六倍利	1 加仑	10
21	玫瑰女王假龙头	2 加仑	30
22	大麻叶泽兰	2 加仑	20
23	烟花山桃草	1 加仑	15
24	八宝景天	5 加仑	5
25	粉花绣线菊	8 加仑	3
26	裂叶丁香	8 加仑	1
27	妮可荷兰菊	2 加仑	10
28	莎夏荷兰菊	2 加仑	10
29	花叶玉禅	2 加仑	20
30	常绿鸢尾	2 加仑	15

（续）

序号	材料名称	规格	数量
31	四月夜鼠尾草	2 加仑	30
32	卡拉多纳鼠尾草	1 加仑	30
33	紫娇花	2 加仑	30
34	华北香薷	10 加仑	3
35	天蓝鼠尾草	1 加仑	180
36	小闹钟金鸡菊	1 加仑	60
37	柳叶马鞭草	1 加仑	60
38	蓝色天空穗花婆婆纳	1 加仑	40
39	蓝蝴蝶兰盆花	2 加仑	50
40	毛蕊花	3 加仑	20
41	粉色蓝宝石金鸡菊	1 加仑	30
42	法兰西玉簪	3 加仑	10
43	佛甲草	120 盆	30
44	大父玉簪	2 加仑	10
45	六月玉簪	2 加仑	8
46	巨无霸玉簪	2 加仑	5
47	大吴风草	2 加仑	15
48	蓝羊茅	1 加仑	12
49	蓝山鼠尾草	2 加仑	40
50	金叶石菖蒲	2 加仑	20
51	林荫鼠尾草	2 加仑	43
52	腹水草	1 加仑	35

③《丝路花屿》

2023年

山东在野生态发展有限公司

设计说明
“驼铃古道丝绸路，胡马犹闻唐汉风。”丝绸之路在东汉时期起始于洛阳，展现了人类文明交流的历史过程，是一条万代流芳的亘古之道。
花境设计以丝绸之路为灵感，通过植物景观的营造，将历史文化与自然景观相融合，展现丝绸之路的历史文化魅力。设计以黄色沙漠为底，绿洲点缀其中，象征生命在荒漠中的坚韧与绚烂。丝路蜿蜒其中，为静谧的空间注入动感。小品中融入织锦、驼铃、陶器等元素，展现丝路厚重的历史文化，歌颂丝路精神。
花境整体色彩以丝绸之路上的艺术瑰宝——敦煌壁画的红、黄、蓝色调为主。沙漠区域植物使用风尾兰、德国景天、岩生婆婆纳、中华景天等耐旱植物来烘托沙漠氛围；岛屿绿洲区域使用黄色系的‘小闹钟’金鸡菊、金槌花、火炬花、金光菊，营造出炽热与广阔的氛围，微风拂过，花瓣轻轻摇曳，仿佛在向人们诉说着两千年前金色丝路的故事。红色系的大麻叶泽兰、红缬草，蓝色系的大炫蓝鼠尾草、蓝雾草、‘蓝色忧伤’荆芥等植物呼应丝路色彩。
丝路花屿
敦煌
中国
山东省
临沂市
罗庄区
方案演绎
通行工具：骆驼
沙漠和绿洲
陶器
织锦
提取
路网
构筑
方案形成
平面图
N
①
②
③
④
⑤
0 1 2 3M
图例：
① 出入口
② 园路
③ 骨架植物
④ 植物组团
⑤ 主题构筑物

季相图——春
N
季相图——夏
N
季相图——秋
N

设计说明

“驼铃古道丝绸路，胡马犹闻唐汉风。”丝绸之路自东汉时期起始于洛阳，展现了人类文明交流的历史过程，是一条万代流芳的亘古之道。

花境设计以丝绸之路为灵感，通过植物景观的营造，将历史文化与自然景观相融合，展现丝绸之路的历史文化魅力。设计以黄色沙漠为底，绿洲点缀其中，象征生命在荒漠中的坚韧与绚烂。丝路蜿蜒其中，为静谧的空间注入动感。小品中融入织锦、驼铃、陶器等元素，展现丝路厚重的历史文化，歌颂丝路精神。

花境整体色彩以丝绸之路上的艺术瑰宝——敦煌壁画的红、黄、蓝色调为主。沙漠区域植物使用凤尾兰、德国景天、岩生婆婆纳、中华景天等耐旱植物来烘托沙漠氛围；岛屿绿洲区域使用黄色系的‘小闹钟’金鸡菊、金槌花、火炬花、金光菊，营造出炽热与广阔的氛围，微风拂过，花瓣轻轻摇曳，仿佛在向人们诉说着两千年前金色丝路的故事。红色系的大麻叶泽兰、红缬草，蓝色系的大炫蓝鼠尾草、蓝雾草、‘蓝色忧伤’荆芥等植物呼应丝路色彩。

作品赏析

专家点评

《丝路花屿》是一个在设计思想、植物选择与配置、落地施工和养护管理等方面都比较成熟的作品。以“丝路”对应我们国家的“一带一路”倡议，契合时代命题。“花屿”既是作品的底色，又象征着“丝路”绵延不绝的生命力。以宿根花卉为主组成的花屿，红、黄、蓝三色构建的主色调具有厚重感，烘托了“丝路”的历史文化魅力。次第开花的花境植物艺术地配置于花屿上，构成参赛作品《三季有花，四季有景》的花境景观。作品以锈钢板剪影骆驼和弧线较好地烘托了主题，剪影的体量和色彩都“低调”得恰到好处。

主要植物材料配置

序号	材料名称	规格（株/m^2）	数量	序号	材料名称	规格（株/m^2）	数量
1	辉煌女贞		1	21	六棱景天	20	10
2	红枫		1	22	‘活力柠檬’景天	25	15
3	丛生紫薇		1	23	胭脂红景天	20	10
4	金叶接骨木		1	24	凤尾丝兰	4	5
5	‘日出’六道木	4	3	25	金槌花	16	40
6	蓝剑柏	2	3	26	‘金色风暴’金光菊	12	30
7	醉鱼草	2	5	27	蛇鞭菊	20	35
8	穗花牡荆	4	5	28	‘星团’金鸡菊	12	25
9	冰生溲疏	6	5	29	‘小闹钟’金鸡菊	16	30
10	‘石灰灯’圆锥绣球	4	5	30	银香菊	20	20
11	‘大炫蓝’鼠尾草	12	50	31	银叶菊	12	20
12	天蓝鼠尾草	12	30	32	北美腹水草	9	11
13	‘四月夜’鼠尾草	16	30	33	白芷	9	2
14	蔚蓝鼠尾草	12	10	34	蓝雾草	16	8
15	琉璃菊	12	30	35	庭菖蒲	16	25
16	‘班普顿’紫叶马鞭草	16	40	36	紫菀	12	30
17	柳叶马鞭草	12	30	37	朝雾草	12	15
18	‘夏日之恋’百子莲	16	20	38	‘烟花’山桃草	12	30
19	百子莲	4	4	39	‘太妃’山桃草	12	20
20	德国景天	20	20	40	白缬草	12	10

（续）

序号	材料名称	规格（株/m²）	数量	序号	材料名称	规格（株/m²）	数量
41	蓝盆花	16	20	49	金心薹草	12	10
42	松虫草	16	35	50	蓝羊茅	20	6
43	‘哈密瓜’地肤	12	30	51	箱根草	16	6
44	‘伯爵’筋骨草	16	30	52	大布尼狼尾草	9	20
45	‘蓝色忧伤’荆芥	12	40	53	卡尔弗子茅	9	15
46	马利筋	16	40	54	‘旋涡’千屈菜	12	12
47	高山刺芹	16	20	55	‘金山’绣线菊	9	5
48	六月雪	6	6				

二等奖作品 12

❶《如梦园——哲·爱·愈》

2022年

山东青华园林设计有限公司

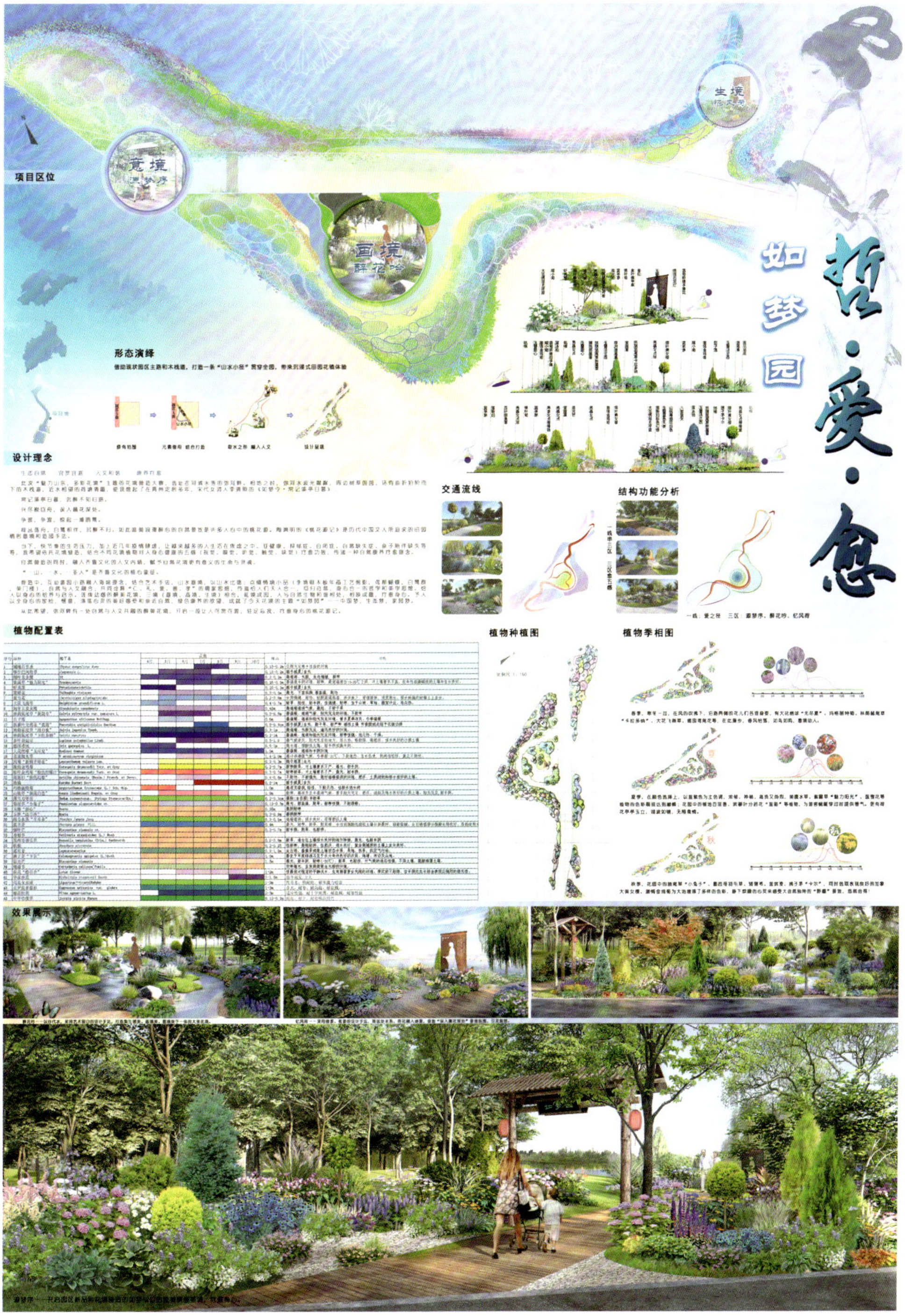

生境
意境
画境
项目区位
如梦园
哲·爱·愈
形态演绎
设计理念
交通流线
结构功能分析
植物配置表
植物种植图
植物季相图
效果展示

设计理念：

生态自然，人文和谐，康养疗愈，宜赏宜游。

设计原则：

美观、长效、经济，强落地、高融合。

立意主题：

李清照的《如梦令》，打造千万人心目中的田园栖居梦。

依托花境营造，结合不同植物对人身心健康的“五感”疗愈功效，传递一种自然康养疗愈理念。

自然营造＋齐鲁人文内涵，赋予自然花境更有意义的生命与灵魂。

“一山，一水，一圣人”是齐鲁文化的核心象征。

山水意境+情境体验，自然与人文融合，共同诠释“仁，礼，爱，善，孝”的儒家思想，传递天人合一、回归自然、身心合一的哲学和美学思想，给人以身心的滋养与启示。

连续动感的醉美花境，三境（意境、画境、生境）相合，延境成园（源梦启+醉花吟+忆风荷三重诠释），人与自然生物和谐相处，相映成趣，疗愈身心。给人以全身心的放松、惬意、涤荡心灵的美好感受及亲近自然、绿色康养的欲望，成就了今天的“如梦园”——中国梦，生态梦，家园梦。

从此，弥河畔，一处自然与人文共融的醉美花境，开启一段让人可赏可游、驻足忘我、疗愈身心的桃花源记。

专家点评

该作品将地方历史文化与花境疗愈功能相结合，尽力利用植物文化语言演绎作品主题。作品空间布局较为疏朗，植物配置手法较为成熟，具有较强的画面感。建议聚焦主调植物并增加主调植物的体量，突出作品风格。

主要植物材料配置

序号	材料名称	规格	数量
1	羽毛枫	苗高1～1.5m、冠幅1.5～1.8m	1
2	亮晶女贞塔	50美植袋	2
3	金冠女贞棒棒糖	30美植袋	3
4	新西兰亚麻	30美植袋	3
5	金叶风箱果	2加仑	5
6	金心软丝兰	5加仑	3
7	新西兰扁柏	30美植袋	2
8	狐尾天门冬	5加仑	3
9	蓝冰柏	5加仑	2
10	皮球柏	5加仑	3
11	美国香松	2加仑	3
12	绣球‘安娜贝拉’	3加仑	18
13	绣球‘无尽夏’	3加仑	9
14	绣球‘史欧尼’	5加仑	2
15	绣球‘石灰灯’	3加仑	3
16	绣球‘香草草莓’	3加仑	3
17	花叶美人蕉	3加仑	9
18	非洲狼尾草	3加仑	17
19	山桃草‘烟花’	2加仑	20
20	金叶石菖蒲	2加仑	11
21	鼠尾草‘加纳利’	2加仑	7
22	射干	2加仑	7
23	蒲棒菊	2加仑	17
24	‘歌舞’芒	2加仑	20
25	柳枝稷‘瑞不伦’	2加仑	38
26	细叶画眉草	2加仑	36

（续）

序号	材料名称	规格	数量
27	非洲狼尾草	2加仑	17
28	密花芒	30cm×30cm营养钵	11
29	琉璃菊	2加仑	28
30	滨菊名媛	2加仑	10
31	百子莲	2加仑	10
32	朝雾草	2加仑	17
33	玉簪‘巨无霸’	2加仑	9
34	玉簪‘彩色玻璃’	2加仑	9
35	玉簪‘法兰西’	2加仑	9
36	玉簪‘蓝色天使’	1.5加仑	5
37	玉簪‘初霜’	1加仑	5
38	玉簪‘钟情玛格丽特’	1加仑	5
39	火炬花	2加仑	12
40	鼠尾草‘雪山’	2加仑	15
41	蛇鞭菊‘紫麒麟’	1加仑	26
42	蛇鞭菊‘白麒麟’	1加仑	10
43	金叶蒲苇	3加仑	9
44	金鸡菊‘激情’	1加仑	36
45	德国景天	1加仑	53
46	花菖蒲‘哈雷’	1加仑	22
47	黄金球	1加仑	10
48	柳叶马鞭草‘诀窍’	1加仑	90
49	天蓝鼠尾草	1加仑	45
50	矾根	1加仑	35
51	蔓锦葵	1加仑	27
52	加勒比飞蓬	1加仑	36
53	花叶玉蝉花	1加仑	45
54	滨菊白雪公主	1加仑	26
55	绵毛水苏	1加仑	22
56	金鸡菊‘白色星团’	1加仑	46

（续）

序号	材料名称	规格	数量
57	黄芩	1加仑	20
58	落新妇‘尼莫’	1加仑	32
59	金边阔叶麦冬	1加仑	28
60	蓍草‘夏季莓’	1加仑	32
61	电灯花	1加仑	28
62	夏枯草	1加仑	28
63	加拿大美女樱	1加仑	24
64	婆婆纳‘紫霞仙子’	1加仑	32
65	紫娇花	1加仑	24
66	鼠尾草‘卡拉多娜’	1加仑	24
67	松果菊‘盛世’	1加仑	30
68	中杆月见草	1加仑	26
69	鼠尾草‘蓝山’	1加仑	45
70	马薄荷‘兰巴达’	1加仑	20
71	金光菊‘丹佛戴丝’	1加仑	32
72	薹草‘艾弗里斯特’	1加仑	46
73	超级鼠尾草‘大绚蓝’	C150	52
74	蓝羊茅‘探索’	C150	120
75	同瓣草	C150	100
76	银叶菊	C150	30
77	细叶美女樱‘梦幻曲紫色’	C150	83
78	金光菊‘草原阳光’	C150	52
79	马鞭草‘桑托斯’	C150	52
80	佛甲草	方盘	40
81	北美腹水草1	10cm	8
82	北美腹水草2	1加仑	2
83	红花地榆	C150	10
84	簇花风铃草	C150	20
85	荷花		2

②《足下文化与野花之美》

2022年

青岛青枫景观设计工程有限公司

设计说明：

- 花境选址在青州市南环路上花卉苗木交易中心的西入口处。现状上层乔木茂密，郁闭度高，林下仅种植草坪，植物群落单一，缺乏观赏性。
- 设计以"足下文化与野花之美"为主题，在设计中我们选用具有自然野趣生长状态的素材，如紫花地丁、德国鸢尾、大滨菊、石刁柏、细叶芒等，来打造该节点地段的花境。
- 林下半荫或全荫的植物，在光照缺失的条件下，依然顽强向上生长。面对疫情，齐鲁人民乐观、顽强、不屈服的精神，与之如此契合。

草木不语，但能激起涟漪；
文化有根，尽在你我足下！

定位图

总平面图

苗木表

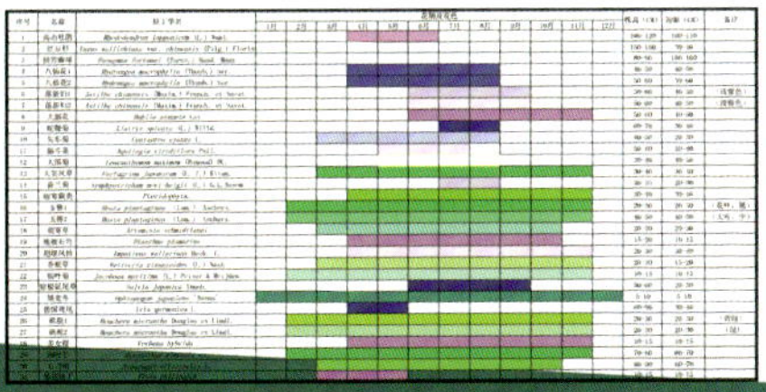

足下文化与野花之美

现状上层乔木有黄山栾，局部种植樱花、海棠等花乔木，林下仅有草坪，场地较平整。

以"足下文化与野花之美"为主题，在设计中我们选用具有自然野趣、且耐阴的素材，如紫花地丁、德国玉簪、落新妇、石刁柏、矮蒲苇等，来打造林下花境。

林下半阴或全阴的植物，在光照缺失的条件下，依然顽强向上生长。面对新冠病毒，齐鲁人民乐观、顽强、不屈服的精神，与之如此契合！

作品简介

通过打造自然野趣的林荫与林缘花境来展示花境植物的自然之美。此次大赛的目标，是探讨低维护、低成本的花境在北方公共绿化中的大面积应用。为了达到这一目标，参赛方进行了三方面的尝试：土壤的改良处理，保留原有土壤，通过技术手段提升土壤的肥力和活力；花境植物品种的选择，以传统低维护品种为主，点缀新优品种；花境引入农业生产品种，如多年生蔬菜植物芦笋、食用块根植物毛芋头。

夏季一个多月的时间，经过40℃高温、干旱、随后持续性的高温、高湿等气候条件，花境植物依然保持良好的生长状态，成活率达到100%，花境植物的结构稳定可控，季相变化丰富。6月的主要观花植物是滨菊类、落新妇、百子莲等。7月的主要观花、观叶植物是穗花婆婆纳、美人蕉、玉簪、白色星团金鸡菊、美女樱等。

养护管理也比较简单，只是进行了浇水、拔草、修剪等。

作品赏析

专家点评

该作品平面设计感较强，种植区域轮廓清晰，具有较好的画面感。植物选择注重生态习性，配置手法较为自然，具有长效花境特质。建议优化种植区域轮廓线设计，以体现花境景观的自然本质。

主要植物材料配置

序号	材料名称	规格	数量
1	大叶北美海棠	D9	1
2	鸡爪槭1	D8	1
3	鸡爪槭2	D7	1
4	红豆杉1	H1.8	1
5	红豆杉2	H1.5	1
6	金森女贞球	H1.2	2
7	圆锥绣球石灰灯	H1.5	2
8	圆锥绣球粉精灵	H1.2	1
9	粉花绣线菊	3加仑	1
10	荷兰菊	2加仑	1
11	穗花牡荆	R1.5	3
12	南天竹1	H1.8	2
13	南天竹2	H1.5	3
14	石刁柏	2加仑	3
15	芋头		3
16	彩叶杞柳	5加仑	1
17	白雪公主滨菊	1加仑	25
18	安娜贝拉乔木绣球	3加仑	5
19	白色星团金鸡菊	1加仑	15
20	黄芩	1加仑	15
21	湖北银莲花	2加仑	6
22	‘巨无霸’玉簪	5加仑	3
23	‘彩色玻璃’玉簪	2加仑	8
24	‘大父’玉簪	2加仑	6
25	‘盛芳’蓍草	1加仑	20
26	法兰西玉簪	5加仑	3

（续）

序号	材料名称	规格	数量
27	花叶玉簪	5加仑	2
28	落新妇1	2加仑	7
29	进口大落新妇	5加仑	3
30	‘尼莫’落新妇	1加仑	25
31	婆婆纳‘蓝色妖姬’	1加仑	20
32	紫色矾根	1加仑	20
33	红色矾根	盆口径12cm	4
34	黄色矾根	盆口径12cm	4
35	绿色矾根	2加仑	20
36	琉璃菊	2加仑	15
37	金带子阔叶麦冬	1加仑	15
38	灯心草	2加仑	6
39	禾叶大戟	盆口径15cm	40
40	同瓣草	盆口径15cm	30
41	蓝蝴蝶兰盆花	1加仑	15
42	朱焦	2加仑	3
43	空心木	3加仑	1
44	花叶紫娇花	1加仑	5
45	烟花山桃草	2加仑	12
46	粉花山桃草太妃	1加仑	30
47	千屈菜漩涡	3加仑	4
48	歌舞芒	2加仑	6
49	糖蜜草	1加仑	10
50	金叶矮蒲苇	3加仑	5
51	非洲狼尾草	3加仑	5
52	蔓锦葵	1加仑	18
53	狐尾天门冬	2加仑	5
54	花菖蒲	1加仑	10
55	超级鼠尾草萨利芳	盆口径15cm	20
56	美女樱华彩球粉色	盆口径15cm	20

（续）

序号	材料名称	规格	数量
57	细叶美女樱混色	盆口径15cm	30
58	蓝闪光高山刺芹	1加仑	6
59	冰刃加纳利鼠尾草	2加仑	7
60	花叶美人蕉	3加仑	3
61	金冠蓍草	1加仑	20
62	名媛滨菊	2加仑	18
63	花叶朱蕉	2加仑	3
64	金叶石菖蒲	3加仑	14
65	百子莲	2加仑	14
66	朝雾草	2加仑	5
67	黄金万年草	盆口径15cm	20
68	马尼拉草坪		55

注：D：地径；H：高度；R：冠径。

作品设计

③《山水间·花影处·泉城里》

2022年

济南百合园林集团有限公司

山水间·花影处·泉城里
本次设计融入济南城市景观特色——山水泉城，通过对新材料、新品种的艺术化组合，利用风、声、光影的互动方式，意在打造一处长效性景观花园，可于方寸“山水间”游憩，可于婆娑“花影处”留念，可于魅力“泉城里”畅想。

作品简介

此设计融入济南城市景观特色——山水泉城。该花境整体设计以生态长效为主导，结合泉水的文化底蕴，营造自然流畅的线条，以种植多种宿根花卉为主，乔灌木为辅，充分结合场地周边绿化条件，运用借景、框景的造景手法，打造植物组合长效、艺术互动新颖、文化氛围浓郁的多彩花园。

首先，在花境植物的选择上以蓝紫色系植物作为基底植物，如鼠尾草、飞燕草、超级凤仙、黄芩等。考虑植物长效变化，选择花期长、维护低的超级凤仙，寓意汩汩而出的泉水溪流，周边栽植鸢尾、狼尾草营造自然野趣之意。同时应用较多的蓍草、朝露草、山桃草、大滨菊、玉簪、蜀葵、狼尾草、花叶美人蕉等宿根类植物，节水、抗旱、易管理，合理搭配品种完全可以达到“三季有花”的目标，更能体现城市绿化发展与自然植物资源的合理配置。

其次，点缀不锈钢镜面、风动亮片等新材料，通过艺术化组合打造山水景墙，以景墙为山，白沙和花带为水，大小不一的不锈钢球代表泉眼。随风而动的彩色亮片和下层不锈钢镜面在阳光下与花卉形成光影互动，营造花影间的景观氛围。

综上，此方案是通过对新材料、新品种的艺术化组合，利用风、声、光影的互动方式，意在打造一处长效性、低维护的多季景观花园，可于方寸“山水间”游憩，可于婆娑“花影处”留念，可于魅力“泉城里”畅想。

作品赏析

专家点评

该作品平面设计感较强，种植区域轮廓清晰，具有较好的画面感。植物选择注重生态习性，配置手法较为自然，具有长效花境特质。建议优化种植区域轮廓线设计，以体现花境景观的自然本质。

主要植物材料配置

序号	材料名称	规格	数量
1	细叶芒	2加仑	12
2	‘小兔子’狼尾草	2加仑	15
3	太阳吻大花金鸡菊	2加仑	22
4	粉黛乱子草	2加仑	8
5	蔓锦葵	1加仑	42
6	金边阔叶麦冬	1加仑	17
7	柳叶马鞭草	1加仑	30
8	矮蒲苇	3加仑	9
9	美人蕉	3加仑	9
10	金叶蒲苇	3加仑	1
11	‘金心’薹草	2加仑	15
12	佛甲草	方盘	4

（续）

序号	材料名称	规格	数量
13	画眉草	2加仑	4
14	朝雾草	2加仑	8
15	银叶菊	C150	12
16	美女樱华彩球	C150	70
17	金光菊草原阳光	C150	80
18	山桃草太妃	1加仑	25
19	滨菊名媛	2加仑	10
20	霹雳石竹	1加仑	22
21	超级鼠尾草	C150	40
22	糖蜜草	1加仑	8
23	湖北银莲花	2加仑	12
24	木本绣球	3加仑	16
25	品种落新妇	1加仑	35
26	‘夏季蜡笔’蓍草	1加仑	25
27	蜀葵	1加仑	105
28	蓝镜飞燕草	1加仑	50
29	紫叶锦带	5加仑	8
30	蓝冰柏	5加仑	1
31	亮晶女贞塔	50美植袋	1
32	新西兰扁柏	30美植袋	1
33	银姬小蜡	5加仑	3
34	柳枝稷	2加仑	120
35	高山紫菀	1加仑	25
36	同瓣草	C150	45
37	金边硬质丝兰	30美植袋	3
38	千屈菜鲜红	3加仑	18
39	金冠蕨叶蓍草	2加仑	24
40	巨人蒲棒菊	2加仑	12
41	黄芩	1加仑	75
42	花菖蒲	1加仑	75

（续）

序号	材料名称	规格	数量
43	波光加勒比飞蓬	1加仑	50
44	红枫	高1.6m、冠幅80cm	1
45	扶芳藤球	高1m、冠幅80cm	2
46	琉璃菊	2加仑	36
47	玉簪	1加仑	60
48	玉簪	3加仑	6
49	紫叶百日红	1加仑	3
50	超级风险	1加仑	400
51	对接白蜡	大造型	1
52	草皮	m^2	20

4《泉·瀑·隐士》

2023年

济南亿禾世纪园林绿化有限公司

植物配置表

序号	植物名称	规格（cm）			单位	数量	备注
		地径	高度	蓬径			
1	造型黑松	8	50-60	100-120	株	1	悬崖式，造型优美
2	红枫	8	200-250	180-220	株	1	血色，冠形饱满
3	蓝冰柏	3	130-150	60-80	株	2	树形优美
4	棒棒糖女贞	3	100-120	40-50	株	2	树形优美
5	高山杜鹃		40-50	50-60	株	1	树形优美
6	迎春				株	2	三年生，枝长80cm以上
7	火云刺柏		40-50	40-50	株	1	树形优美
8	八仙花		50-60	50-60	株	4	粉花、蓝花，树形优美
9	凤尾兰		40-50	50-60	株	3	叶片密实
10	大花木槿	2	100-120	30-40	平方米	5.2	种植密度 9株/㎡
11	天鹅绒紫薇	1	50-60	20-30	平方米	3.2	种植密度 16株/㎡
12	红王子锦带		50-60	30-40	平方米	3.6	种植密度 16株/㎡
13	花叶芦竹		80-100	30-40	平方米	5.1	种植密度 16株/㎡
14	大绣球		50-60	40-50	平方米	1.5	种植密度 4株/㎡
15	火焰南天竹		30-40	25-30	平方米	0.9	种植密度 36株/㎡
16	杞柳		50-60	40-50	平方米	3.9	种植密度 25株/㎡
17	品种月季				平方米	2.9	三年生，种植密度 16株/㎡
18	金光绒柏		15-20	30-40	平方米	1	种植密度 9株/㎡
19	大花六道木		20-30	20-30	平方米	0.9	种植密度 25株/㎡
20	金焰绣线菊		40-50	30-40	平方米	4.6	种植密度 16株/㎡
21	金叶莸		40-50	30-40	平方米	0.7	种植密度 16株/㎡
22	细叶美女樱		50-60	30-40	平方米	2.8	种植密度 25株/㎡
23	萱草		30-40	20-30	平方米	2	种植密度 25株/㎡
24	蓝叶玉簪		20-30	30-40	平方米	2.4	种植密度 16株/㎡
25	东北玉簪		30-40	40-50	平方米	4.6	种植密度 9株/㎡
26	八宝景天		20-30	15-20	平方米	2.6	种植密度 36株/㎡
27	美国薄荷		30-40	20-30	平方米	2	种植密度 25株/㎡
28	金娃娃萱草		25-30	20-30	平方米	4.5	种植密度 36株/㎡
29	德国鸢尾		25-30	20-30	平方米	3.8	种植密度 36株/㎡
30	银叶菊		30-40	20-25	平方米	4.4	种植密度 36株/㎡
31	金边阔叶麦冬		20-30	20-25	平方米	2.4	种植密度 37株/㎡
32	醉鱼草		40-50	30-40	平方米	2.5	种植密度 25株/㎡
33	矾根		20-30	20-30	平方米	1	种植密度 36株/㎡
34	地被菊（黄）		40-50	60-80	平方米	1.1	种植密度 4株/㎡
35	地被菊（粉）		40-50	60-80	平方米	4	种植密度 4株/㎡
36	地被菊（红）		40-50	60-80	平方米	1.4	种植密度 4株/㎡
37	落新妇		30-40	30-40	平方米	3.7	种植密度 16株/㎡
38	花烟草		30-40	25-30	平方米	1.7	种植密度 25株/㎡
39	松果菊		40-50	30-40	平方米	1.2	种植密度 16株/㎡
40	姬小菊		15-20	20-25	平方米	2.4	种植密度 49株/㎡
41	蓝花鼠尾草		40-50	30-40	平方米	1.2	种植密度 25株/㎡
42	细叶芒		50-60	40-50	平方米	0.4	种植密度 4株/㎡
43	小兔子狼尾草		30-40	30-40	平方米	0.9	种植密度 9株/㎡
44	[illegible]		20-30	30-40	平方米	0.7	种植密度 9株/㎡
45	欧石竹		15-20	15-20	平方米	3.2	种植密度 81株/㎡
46	[illegible]		10-15	10-15	平方米	3	种植密度 100株/㎡
47	佛甲草		10-15	10-15	平方米	3.4	种植密度 100株/㎡

作品简介

泉——事物的源头——永不停歇。

瀑——自我的展现——勇往直前。

隐士——泉水般的清澈，瀑布般的才华，低调的人生——沉稳内敛。

此地块编号为9号，位于园区正南方，采用阴生花境中的“墙垣花境”形式。设计师借由此作品，意在展现齐鲁大地人才辈出、花境发展如火如荼、花境作品百花齐放的景象，倡导一种低调内敛的人生态度，营造一种田园生活氛围，从而呈现人与自然的生态和谐之美。

作品赏析

专家点评

该作品设计手法娴熟，以素砌石墙巧妙地平缓了地形的坡度并形成空间分隔。植物材料规格较高，种植密度把控有度，具有长效花境潜质。建议聚焦作品主题立意，以提高设计意图的可实现程度。

序号	材料名称	规格	数量
1	金姬小蜡塔	2加仑	2
2	日本红枫	美植袋	1
3	蓝冰柏	美植袋	2
4	棒棒糖亮晶女贞	美植袋	2
5	川滇蜡	美植袋	1
6	常春藤	1加仑	3
7	皮球柏	2加仑	2
8	无尽夏绣球	2加仑	2
9	凤尾兰	2加仑	2
10	矮紫薇	美植袋	14
11	木绣球	2加仑	2
12	木贼	1加仑	12
13	穗花婆婆纳	1加仑	15
14	品种月季（“光谱”系列）	1加仑	12
15	金光绒柏	5加仑	3
16	大花六道木	1加仑	8
17	细叶美女樱	1加仑	35
18	荷兰菊	1加仑	15
19	蓝叶玉簪	1加仑	10
20	中秋月玉簪	2加仑	12
21	黄金叶玉簪	1加仑	20
22	八宝景天	2加仑	15
23	千屈菜	1加仑	10
24	金娃娃萱草	1加仑	15
25	德国鸢尾	1加仑	60
26	金光菊	1加仑	10
27	金边山麦冬	1加仑	30
28	美人蕉（黄）	2加仑	5
29	矾根（黄）	1加仑	20
30	地被菊（黄）	1加仑	5
31	地被菊（粉）	1加仑	5

（续）

序号	材料名称	规格	数量
32	地被菊（红）	1加仑	5
33	金鸡菊（爵士舞）	1加仑	15
34	金鸡菊（黄）	1加仑	12
35	桑蓓斯凤仙	1加仑	8
36	松果菊（彩色）	1加仑	12
37	紫菀	1加仑	10
38	蓝花鼠尾草	1加仑	20
39	蒲苇	2加仑	3
40	细叶芒	1加仑	3
41	晨光芒	1加仑	3
42	狼尾草	1加仑	3
43	荚果蕨	1加仑	6
44	欧石竹	1加仑	72
45	日本血草	1加仑	20
46	金叶佛甲草	1加仑	40
47	蓝羊茅	1加仑	15
48	大花芙蓉葵	2加仑	6
49	滨菊	1加仑	3
50	穗花牡荆	美植袋	3
51	蛇鞭菊	1加仑	9
52	狐尾天门冬	1加仑	2
53	光辉岁月向日葵	1加仑	5
54	花烟草	1加仑	10
55	蓍草	1加仑	12

5 《纸此锦绣　陌上花开》

2023年

威海职业建筑学院

作品设计
纸此锦绣
陌上花开
概念生成
飘逸水袖
剪纸文化
飘逸的水袖与威海剪纸文化相结合，融入本方案的平面设计
刻有龙凤图样的石柱门寓意幸福吉祥
气候分析
威海市属于温带季风气候，四季变化和季风进退都较明显。与同纬度的内陆地区相比，具有雨水丰富、年温适中、气候温和的特点。受海洋的调节作用影响，又具有春冷、夏凉、秋暖、冬温，昼夜温差小、无霜期长、大风多和湿度大等海洋性气候特点。全市历年平均气温11.9℃，历年平均降水量730．2毫米，历年平均日照时数2538．2小时。
剖面图
植物节点组合
黄色给人温暖的感觉，向红色靠的橙色给人感觉更加热情似火
蛇鞭菊
地被石竹
红花矾根
穗花婆婆纳
福禄考
松果菊
金鸡菊
佛甲草
细长马鞭菊
矮蒲苇
蓝羊茅
金鸡菊
八宝景天
天竺葵
火炬花
堆心菊
松果菊
萱草
紫色是一种高贵的颜色，通常像征雍容和华贵。预示紫气东来
红色花是一种充满热情和活力的花卉，与剪纸所具有的幸福、吉祥的寓意相呼应
金边麦冬
萱草
红花矾根
紫薇
天竺葵
筋骨草
穗花婆婆纳
木槿
火星花
八宝景天
蓝羊茅
设计说明
方案设计缘起于独具“海味”特色的威海传统民间艺术——威海剪纸。威海剪纸多是现实生活的写照，它题材广泛，花样繁多，既可参照实物剪得分毫不差，又可以抽象夸张到令人不可思议，叹为观止。设计综合了生态与美学因素，注重将传统艺术文化融入植物生态性设计。俯瞰花园，龙凤呈祥剪纸纹样景观屹立，飘带状花海如绚丽水袖，渐次晕染。植物明媚的色彩划过时光，引人注目，令人难忘。那游思于花丛中的美丽女孩，仿若自在飞舞的花蝶，在姹紫嫣红间留下一缕甜蜜难忘的思绪。
节点效果图
节点A
节点B
节点C
苗木表
重点植物
萱草
火星花
木槿
天竺葵
紫薇
堆心菊
福禄考
金鸡菊
细长马鞭菊
蛇鞭菊
植物
春季

作品简介

方案设计缘起于独具“海味”特色的威海传统民间艺术——威海剪纸。威海剪纸多是现实生活的写照，它题材广泛，花样繁多，既可参照实物剪得分毫不差，又可以抽象夸张到令人不可思议，叹为观止。

设计综合了生态与美学因素，注重将传统艺术文化融入植物生态性设计。俯瞰花园，龙凤呈祥剪纸纹样景观屹立，飘带状花海如绚丽水袖，渐次晕染。植物明媚的色彩划过时光，引人注目，令人难忘。那游思于花丛中的美丽女孩，仿若自在飞舞的花蝶，在姹紫嫣红间留下一缕甜蜜难忘的思绪。

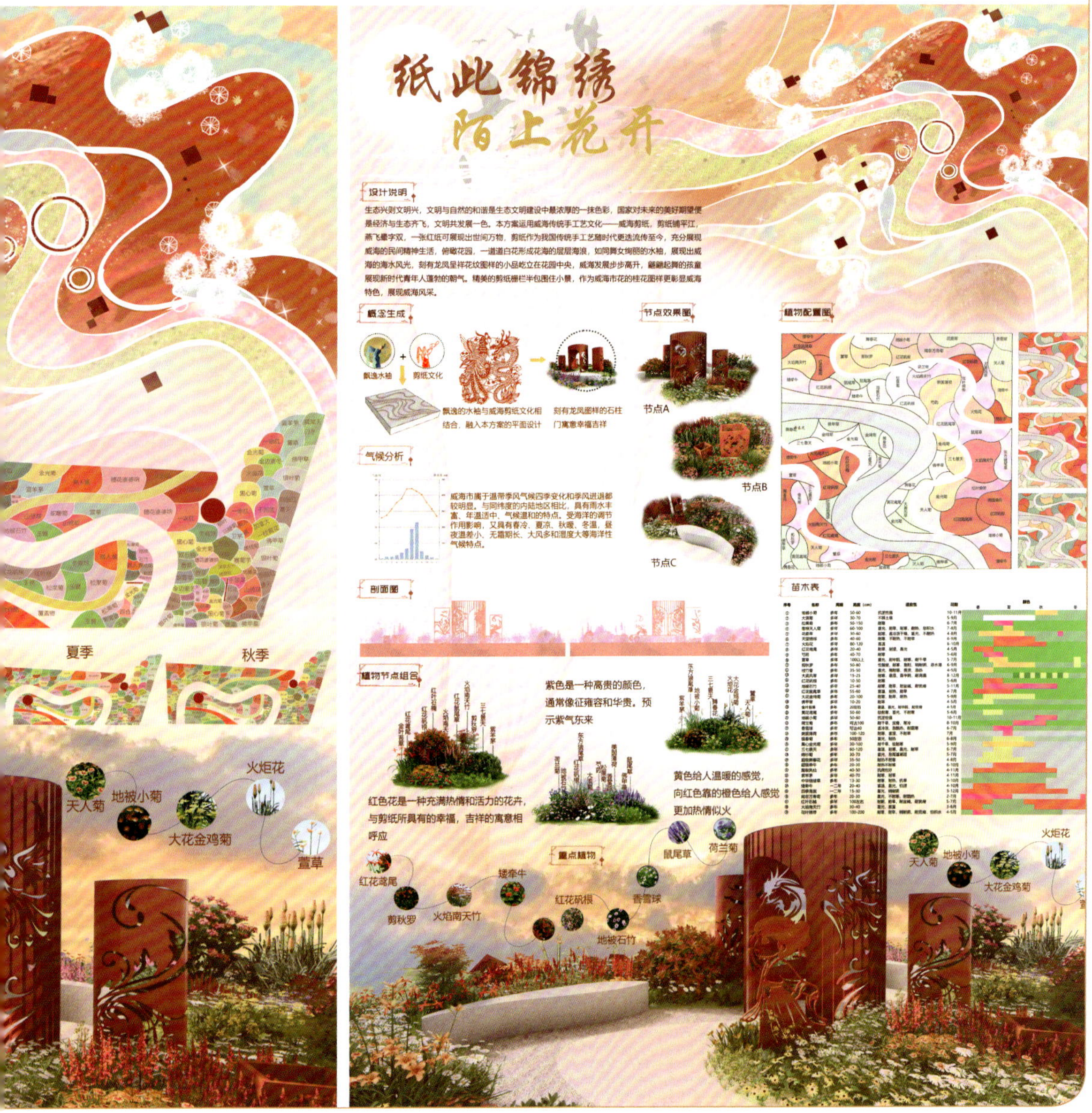

绿水青山
就是金山银山

专家点评

该作品将民间工艺文化融入花境主题，符合大赛弘扬本土文化的要求。色彩鲜艳的“剪纸”彰显了本作品的特色。建议优化非植物材料架构的体量和色彩明度，以凸显花境的景观特质。

序号	材料名称	数量（颗）
1	矮牵牛	60
2	大吴风草	65
3	地被石竹	30
4	地被小菊（粉）	25
5	地被小菊（黄）	40
6	佛甲草	25
7	桂竹香	10
8	荷兰菊	10
9	红花矾根	15
10	红花鸢尾	35
11	红叶石楠	2
12	花菱草	45
13	花叶锦带	6
14	黄花鸢尾	30
15	剪秋罗	25
16	金叶苔草	15
17	芍药	7
18	四季海棠	45
19	宿根天人菊	80
20	香雪球	75
21	中华结缕草	25
22	紫羊茅	25
23	萱草	20
24	大滨菊（白）	560
25	韩国杜鹃	55
26	绵杉菊	30
27	矮蒲苇	20
28	红运萱草	35
29	火焰南天竹	30
30	筋骨草	65
31	落跑新娘	7
32	千屈菜	55
33	赛菊芋	40

（续）

序号	材料名称	数量（颗）
34	蛇鞭菊	90
35	松果菊	40
36	穗花婆婆纳	40
37	樱桃鼠尾草	45
38	喷雪花	10
39	玉簪	25
40	马醉木	45
41	蓝柏（细长）	2

6 《东方秘境——绿野仙踪，灵美花漾》

2023年

烟台市芝罘园林工程有限责任公司

烟台自古就有“人间仙境”的美誉，此作品以“东方秘境”为设计理念，选用仙境传说“一池三山”作为灵感来源造园布局，所谓一池是指太液池，三山是指蓬莱、方丈、瀛洲三座仙山。设计中，以白沙等铺装来意向水体，以绿地抽象山体，搭配游龙般的汀步，结合八块置石来隐喻八仙形象，寓意：“山不在高，有仙则名。水不在深，有龙则灵”。 植物选择上，根据植物不同季节的表现，增加彩叶树种，如鸡爪槭，南天竹；根据花卉不同季节的观赏美学，选用麦冬，银叶菊，天竺葵等，营造四时景象。

专家点评

该作品以烟台地标景物作为主要设计元素，具有较为鲜明的地方特色。较为具象的“山”“湖”元素增加了作品的可辨识度。建议优化植物生态习性的选择和植物组团的配置手法，以凸显花境的景观特质。

主要植物材料配置

序号	材料名称	规格	数量
1	百子莲	高度80cm以上（带花）	175
2	南天竹	高度80cm以上	2
3	蛇鞭菊	高度50cm以上带花	110
4	大花萱草	高度50～60cm带花	105
5	矾根	红色、黄色	279
6	花叶络石		60
7	绣球	高45cm（带花）	24
8	蓝雪花	高度30～40cm带花	25
9	婆婆纳	高度30～40cm带花	180
10	络新妇	高度30～40cm（带花）	90
11	蓝羊茅	高度30cm左右	85
12	大滨菊	高度20～25cm	240
13	佛甲草		10
14	姬小菊	高度15cm	80
15	玉簪	高度20cm，冠幅20～25cm	44
16	松果菊	高度20～30cm	47
17	独杆月季	高度1.2m，冠幅0.8m	3
18	鼠尾草	高度15～20cm	195
19	粉黛乱子草	高度40cm	25
20	矮蒲苇	高度60cm以上	32
21	细叶芒	高度40cm以上	110
22	八宝景天	高度15～20cm	29
23	兰花三七	冠幅30cm	141
24	黑心菊	高度30cm	60
25	婆婆纳	高度10～15cm	100
26	枫叶天竺葵	高度15～20cm，冠幅15～20cm	150
27	鸢尾	高度40cm以上	20
28	紫叶狼尾草	高度30～40cm	145

（续）

序号	材料名称	规格	数量
29	红宝石南天竹	高度20cm，冠幅20～25cm	10
30	丝兰	冠幅0.5m	3
31	亮晶晶女贞棒棒糖	高度1.2m，冠幅0.5m	1
32	川滇蜡树棒棒糖	高度1m，冠幅0.5m	1
33	蓝冰柏	高度80cm以上	3
34	小蜡球	冠幅0.8m	2
35	女贞球	冠幅0.8m	3
36	玉带草	高度30～40cm	80
37	银叶菊	高度10～15cm	61
38	火星花	高度30～40cm	48
39	火炬花	高度40cm以上	86
40	红枫	地径7cm，高度2.5m，冠幅1.8m	1

7 《梦乡花境》

2024年

青岛青枫景观设计工程有限公司

作品设计

作品简介

此设计通过传统的混合花境，创新性地搭配辣椒、茄子、西红柿等常见耐旱蔬菜，把田园果蔬和花境进行有机融合，打造一个兼具乡野风情与现代园艺理念的可食用花园，营造出一个质朴、放松、宁静，充满喜悦和幸福感的空间。

专家点评

该作品以寄托乡愁、梦回自然为主题，运用娴熟的植物配置手法，将兼具观赏和食用价值的本地常见蔬菜，与花卉植物有机结合，营造具有浓郁乡土风的植物景观，为老人带去儿时记忆，为孩子提供亲近自然的机会。该作品选用的植物适生性好，对日常养护管理几乎没有特殊的要求，符合大赛“美观、长效、低维护”的景观导向。老旧枕木和素砌毛石矮墙，都较好地烘托了作品的主题。

（续）

序号	材料名称	规格	数量	序号	材料名称	规格	数量
1	天目琼花	高1.5m	2	25	北美腹水草	高度0.5～0.8m	17
2	金叶接骨木	高1.2m	2	26	北美腹水草‘魅丽’	高度0.3～0.5m	
3	栎叶绣球	高1.2m	2	27	小闹钟金鸡菊	高度0.3～0.4m	30
4	鸡爪槭	高度1.5～2m	3	28	蓝盆花	高度0.3m	55
5	黄金喷泉绣线菊	高0.6m	1	29	蜀葵	高度1.2～1.5m	20
6	落跑新娘绣球	冠幅20～30cm	3	30	朝雾草	高度0.3～0.4m	3
7	喷雪花	高1.2m，冠幅1.2m	2	31	茄子	高度0.5～0.7m	9
8	粉花绣线菊	高0.4m	1	32	辣椒	高度0.5～0.7m	9
9	蓝莓	高0.8m，冠幅0.8m	1	33	朝天椒	高度0.5～0.6m	6
10	菲油果	高1.5m，冠幅1.2m	1	34	西红柿	高度0.6～0.8m	9
11	龟甲冬青球	0.6m	3	35	葱	高度0.3～0.4m	
12	大吴风草	高度0.3～0.4m	20	36	石刁柏	高度0.6～0.8m	3
13	‘巨无霸’玉簪	高度0.4～0.6m	6	37	光辉岁月向日葵	高度0.5～0.8m	2
14	‘蓝耳’玉簪	高度0.3～0.4m	5	38	荷兰菊	高度0.3～0.5m	15
15	‘鳄梨沙拉’玉簪	高度0.3～0.4m	5	39	箱根草	高度0.25～0.3m	10
16	迷迭香	高度0.25～0.3m	20	40	松果菊	高度0.5～0.8m	21
17	荚果蕨	高度0.3～0.4m	9	41	韭菜	高度0.2～0.3m	15
18	西伯利亚鸢尾	高度0.3～0.4m	18	42	大花飞燕草	高度0.5～0.8m	16
19	微型月季	高0.3～0.4m	6	43	庭菖蒲	高度0.2～0.3m	15
20	裂叶美女樱	高度0.3～0.4m	45	44	狭叶马兰	高度0.4～0.7m	18
21	紫娇花	高度0.3～0.4m	30	45	罗勒	高度0.2～0.3m	15
22	蛇鞭菊	高度0.4～0.6m	15	46	穗花婆婆纳	高度0.2～0.5m	28
23	卡拉多纳鼠尾草	高度0.4m	38	47	烟花山桃草	高度0.6～1.0m	15
24	蓝山夜鼠尾草	高度0.4m	50	48	柳叶白菀	高度0.8～1.2m	20

⑧《清泉石涧，步步生花》

2024年

山东城市建设职业学院

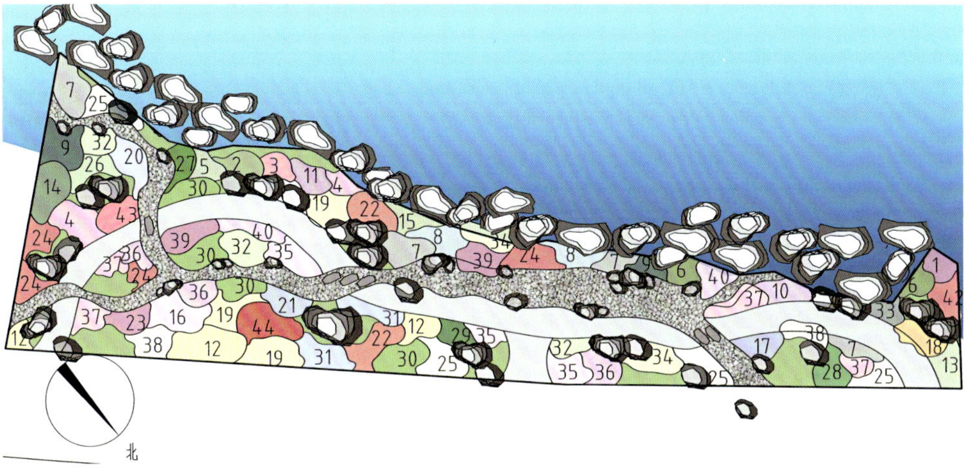

此设计灵感源自临沂市的沂河，以“清泉石涧，步步生花”为设计主题，通过旱溪设计，模拟沂河主体的流向和形态。“拟沂河之其形，传沂河之其神”勾勒出沂河的自然曲线，使游客仿佛置身于沂河之畔。同时，充分运用现状石头，合理搭配植物增添自然美感。充分利用石滩湾地形，通过放置岩石和凤尾兰、墨西哥羽毛草、旱伞草等植物，打造岩石园花境，使其成为花境的核心元素。使用石头和沙子营造出高低错落的地形，虽没有水却可以创造出一种自然流淌的感觉。为突出设计主题，在园路的石板上雕刻红色文化内容，刻写沂蒙发展历程，表达了因为有先辈的打拼，才有祖国的花朵，在表达设计思想的同时传颂了临沂市的红色文化。

专家点评

该作品是一个几乎没有非植物材料的纯花境，以一条贯穿的旱溪为轴线，宿根花卉为主的植物材料以组团的形式点缀在旱溪两侧，形成富有流动感的旱溪花境。由于种植密度把控得当，在落地作品的三次评审中，其景观效果逐次提升，体现了参赛选手良好的专业自信心（种植密度过大往往是专业自信心不足的表现）。不加雕饰的流线型石板小径，给作品平添了几分野趣。

序号	材料名称	株高（cm）	季相 1月	2月	3月	4月	5月	6月	7月	8月	9月	10月	11月	12月
1	醉鱼草	100～300						茎环						
									叶环					
									花环					
2	旱伞草	60～150						茎环						
								叶环						
										花环				
3	粉黛乱子草	30～90						茎环						
								叶环						
											花环			
4	狼尾草	40～70						茎环						
								叶环						
										花环				
5	斑叶芒	50～120							茎环					
									叶环					
											花环			
6	菖蒲	90～150						茎环						
								叶环						
							花环							
7	凤尾兰	50～150						茎环						
								叶环						
							花环				花环			
8	水果蓝	100～180						茎环						
								叶环						
9	铺地柏	30～75						茎环						
								叶环						
10	马蔺	40～60							茎环					
									叶环					
							花环							

（续）

序号	材料名称	株高（cm）	1月	2月	3月	4月	5月	6月	7月	8月	9月	10月	11月	12月
11	鸢尾	15～80			茎环	茎环	茎环	茎环	茎环	茎环	茎环	茎环	茎环	茎环
					叶环	叶环	叶环	叶环	叶环	叶环	叶环	叶环	叶环	叶环
						花环	花环	花环						
12	大滨菊	30～70			茎环	茎环	茎环	茎环	茎环	茎环	茎环	茎环	茎环	
					叶环	叶环	叶环	叶环	叶环	叶环	叶环	叶环	叶环	
							花环	花环	花环	花环				
13	山桃草	30～60				茎环	茎环	茎环	茎环	茎环	茎环	茎环	茎环	
						叶环	叶环	叶环	叶环	叶环	叶环	叶环	叶环	
						花环	花环	花环	花环	花环	花环			
14	柳枝稷	100～200	茎环叶环			茎环	茎环	茎环	茎环	茎环	茎环	茎环	茎环	茎环
			茎环叶环			茎环	茎环	茎环	茎环	茎环	茎环	茎环	茎环	茎环
			茎环叶环						花环	花环	花环	花环		
15	细叶芒	100～200			茎环	茎环	茎环	茎环	茎环	茎环	茎环	茎环	茎环	
					叶环	叶环	叶环	叶环	叶环	叶环	叶环	叶环	叶环	叶环
											花环	花环	花环	花环
16	美女樱	30～50			茎环	茎环	茎环	茎环	茎环	茎环	茎环	茎环	茎环	
					叶环	叶环	叶环	叶环	叶环	叶环	叶环	叶环	叶环	
							花环	花环	花环	花环	花环	花环		
17	蓝羊茅	20～30	茎环	茎环	茎环	茎环	茎环	茎环	茎环	茎环	茎环	茎环	茎环	茎环
			叶环	叶环	叶环	叶环	叶环	叶环	叶环	叶环	叶环	叶环	叶环	叶环
								花环	花环	花环				
18	大花萱草	20～60	茎环	茎环	茎环	茎环	茎环	茎环	茎环	茎环	茎环	茎环	茎环	茎环
			叶环	叶环	叶环	叶环	叶环	叶环	叶环	叶环	叶环	叶环	叶环	叶环
							花环	花环	花环	花环	花环			
19	绣线菊	60～300	茎环	茎环	茎环	茎环	茎环	茎环	茎环	茎环	茎环	茎环	茎环	茎环
					叶环	叶环	叶环	叶环	叶环	叶环	叶环	叶环	叶环	
						花环	花环	花环						
20	芙蓉菊	60～150	茎环	茎环	茎环	茎环	茎环	茎环	茎环	茎环	茎环	茎环	茎环	茎环
			叶环	叶环	叶环	叶环	叶环	叶环	叶环	叶环	叶环	叶环	叶环	叶环
						花环	花环	花环	花环	花环	花环	花环		

（续）

序号	材料名称	株高（cm）	1月	2月	3月	4月	5月	6月	7月	8月	9月	10月	11月	12月
21	银叶菊	50～80	茎环	茎环	茎环	茎环	茎环	茎环	茎环	茎环	茎环	茎环	茎环	茎环
			叶环	叶环	叶环	叶环	叶环	叶环	叶环	叶环	叶环	叶环	叶环	叶环
								花环	花环	花环	花环	花环		
22	紫叶小檗	50～60	茎环	茎环	茎环	茎环	茎环	茎环	茎环	茎环	茎环	茎环	茎环	茎环
						叶环	叶环	叶环	叶环	叶环	叶环	叶环		
						花环	花环							
23	鼠尾草	30～100			茎环	茎环	茎环	茎环	茎环	茎环	茎环	茎环	茎环	
					叶环	叶环	叶环	叶环	叶环	叶环	叶环	叶环	叶环	
										花环	花环			
24	花叶络石	2～6	茎环	茎环	茎环	茎环	茎环	茎环	茎环	茎环	茎环	茎环	茎环	茎环
			叶环	叶环	叶环	叶环	叶环	叶环	叶环	叶环	叶环	叶环	叶环	叶环
					花环	花环	花环	花环	花环					
25	矮蒲苇	110～120	茎环	茎环	茎环	茎环	茎环	茎环	茎环	茎环	茎环	茎环	茎环	茎环
			叶环	叶环	叶环	叶环	叶环	叶环	叶环	叶环	叶环	叶环	叶环	叶环
											花环	花环		
26	墨西哥羽毛草	30～50			茎环	茎环	茎环	茎环	茎环	茎环	茎环	茎环	茎环	茎环
					叶环	叶环	叶环	叶环	叶环	叶环	叶环	叶环	叶环	叶环
						花环	花环	花环	花环	花环	花环	花环		
27	沙地柏	50～100	茎环	茎环	茎环	茎环	茎环	茎环	茎环	茎环	茎环	茎环	茎环	茎环
			叶环	叶环	叶环	叶环	叶环	叶环	叶环	叶环	叶环	叶环	叶环	叶环
28	玉簪	30～100			茎环	茎环	茎环	茎环	茎环	茎环	茎环	茎环	茎环	茎环
					叶环	叶环	叶环	叶环	叶环	叶环	叶环	叶环	叶环	叶环
							花环	花环		花环	花环	花环		
29	天门冬	30～150	茎环	茎环	茎环	茎环	茎环	茎环	茎环	茎环	茎环	茎环	茎环	茎环
			叶环	叶环	叶环	叶环	叶环	叶环	叶环	叶环	叶环	叶环	叶环	叶环
30	中华景天	30～60	茎环	茎环	茎环	茎环	茎环	茎环	茎环	茎环	茎环	茎环	茎环	茎环
			叶环	叶环	叶环	叶环	叶环	叶环	叶环	叶环	叶环	叶环	叶环	叶环
									花环	花环	花环			

（续）

序号	材料名称	株高（cm）	季相											
			1月	2月	3月	4月	5月	6月	7月	8月	9月	10月	11月	12月
31	大花飞燕草	35～60			茎环	茎环	茎环	茎环	茎环	茎环	茎环	茎环	茎环	
					叶环	叶环	叶环	叶环	叶环	叶环	叶环	叶环	叶环	
									花环	花环				
32	佛甲草	10～20	茎环	茎环	茎环	茎环	茎环	茎环	茎环	茎环	茎环	茎环	茎环	
			叶环	叶环	叶环	叶环	叶环	叶环	叶环	叶环	叶环	叶环	叶环	叶环
					花环	花环	花环	花环	花环	花环				
33	龙舌兰	50～120			茎环	茎环	茎环	茎环	茎环	茎环	茎环	茎环	茎环	茎环
					叶环	叶环	叶环	叶环	叶环	叶环	叶环	叶环	叶环	叶环
34	丝兰	100～200	茎环	茎环	茎环	茎环	茎环	茎环	茎环	茎环	茎环	茎环	茎环	茎环
			叶环	叶环	叶环	叶环	叶环	叶环	叶环	叶环	叶环	叶环	叶环	叶环
								花环	花环	花环				
35	欧石竹	20～30	茎环	茎环	茎环	茎环	茎环	茎环	茎环	茎环	茎环	茎环	茎环	茎环
			叶环	叶环	叶环	叶环	叶环	叶环	叶环	叶环	叶环	叶环	叶环	叶环
						花环	花环	花环	花环					
36	六倍利	15～30			茎环	茎环	茎环	茎环	茎环	茎环	茎环	茎环	茎环	
					叶环	叶环	叶环	叶环	叶环	叶环	叶环	叶环	叶环	
									花环	花环	花环	花环		
37	百里香	120～360	茎环	茎环	茎环	茎环	茎环	茎环	茎环	茎环	茎环	茎环	茎环	茎环
						叶环	叶环	叶环	叶环	叶环	叶环	叶环	叶环	
								花环	花环					
38	酢浆草	10～35	茎环	茎环	茎环	茎环	茎环	茎环	茎环	茎环	茎环	茎环	茎环	茎环
			叶环	叶环	叶环	叶环	叶环	叶环	叶环	叶环	叶环	叶环	叶环	叶环
							花环	花环	花环	花环	花环	花环	花环	
39	大花葱	30～60				茎环	茎环	茎环	茎环	茎环	茎环	茎环	茎环	
						叶环	叶环	叶环	叶环	叶环	叶环	叶环	叶环	
						花环	花环							
40	百子莲	50～70	茎环	茎环	茎环	茎环	茎环	茎环	茎环	茎环	茎环	茎环	茎环	茎环
			叶环	叶环	叶环	叶环	叶环	叶环	叶环	叶环	叶环	叶环	叶环	叶环
									花环	花环	花环			

（续）

序号	材料名称	株高（cm）	季相											
			1月	2月	3月	4月	5月	6月	7月	8月	9月	10月	11月	12月
41	紫叶李	750～800	茎环	茎环	茎环	茎环	茎环	茎环	茎环	茎环	茎环	茎环	茎环	茎环
						叶环	叶环	叶环	叶环	叶环	叶环	叶环	叶环	
						花环	花环							
42	红叶石楠	400～600	茎环	茎环	茎环	茎环	茎环	茎环	茎环	茎环	茎环	茎环	茎环	茎环
			叶环	叶环	叶环	叶环	叶环	叶环	叶环	叶环	叶环	叶环	叶环	叶环
43	地肤	50～100			茎环	茎环	茎环	茎环	茎环	茎环	茎环	茎环	茎环	茎环
					叶环	叶环	叶环	叶环	叶环	叶环	叶环	叶环		
44	美人蕉	150	茎环	茎环	茎环	茎环	茎环	茎环	茎环	茎环	茎环	茎环	茎环	茎环
			叶环	叶环	叶环	叶环	叶环	叶环	叶环	叶环	叶环	叶环	叶环	叶环
							花环	花环	花环	花环	花环	花环	花环	

作品设计

⑨《红色沂蒙，绿色传承》

2024年

山东川岱林草有限公司

作品简介

该作品弘扬红色沂蒙精神，传承绿水青山沂蒙，在沂蒙精神的滋养下，践行绿水青山就是金山银山理念，体现出临沂“红加绿”革命圣地，共筑万紫千红的美好生活。该设计为多面观赏花境，高挑的绿色骨架团块可互为背景，衬托出主调植物的姿态。以追求障透结合，疏密有致，富有变化的景观效果。将三座高点比作沂山，将有缓有急的流线比作沂水，山水相依。以沂蒙精神为灵感，将历史与当下相融合。从山水中汲取的养分，滋养着万紫千红的花朵，正如沂蒙人民在艰苦岁月中培育出的坚韧与希望。此花境不仅是对过往峥嵘岁月的致敬，更是对未来美好生活的憧憬与期盼。漫步其中，仿佛能听到历史的回响，感受到新时代的脉搏。

作品赏析

专家点评

该作品设计方案立意较高，将文化与植物景观巧妙结合，也注重植物语言的提炼与运用。

作品落地时充分考虑到所处位置为多面观等因素，作品的立面设计与空间布局兼顾得当，植物选择和配置手法均较为合理。选用的植物规格较大，景观效果较好，体现出作者较高的植物认知能力及对花境景观动态变化的把握能力。建议适当控制线性植物的斑块体量，以增加作品的立面层次感。

主要植物材料配置

序号	材料名称	规格株高（cm）	数量
1	鸡爪槭	150～180	2株
2	亮晶女贞塔	100～120	2株
3	细叶芒	60～80	4.81m^2
4	矮蒲苇	80～120	3.41m^2
5	火焰南天竹	30～40	0.31m^2
6	木贼	30～100	2.04m^2
7	小兔子狼尾草	15～30	0.66m^2
8	斑叶芒	60～100	2.23m^2
9	亮晶女贞球	50～60	3株
10	丝兰	30～50	0.23m^2
11	蓝羊茅	20～40	2.43m^2
12	姬小菊	20～40	1.58m^2
13	鼠尾草	30～50	3.16m^2
14	鸢尾	30～40	0.24m^2
15	石竹	10～20	0.98m^2
16	红花酢浆草	15～20	1.49m^2
17	佛甲草	10～20	16.42m^2
18	美人蕉	80～120	6m^2
19	山桃草	80～120	0.94m^2
20	千屈菜	60～80	3.29m^2
21	金光菊	30～80	1.75m^2

（续）

序号	材料名称	规格株高（cm）	数量
22	银叶菊	20～30	2.3m^2
23	玉簪	20～40	3.43m^2
24	紫菀	20～30	2.98m^2
25	过路黄	5～10	1.93m^2
26	垂吊美女樱	20～30	0.64m^2
27	超级凤仙	20～40	2.1m^2
28	千日红	20～40	3.13m^2
29	矾根	10～30	2m^2
30	百日草	20～30	1.03m^2
31	大麻叶泽兰	60～80	4.61m^2
32	地肤	5060	1.84m^2

⑩《丝走千年，绣绘乾坤》

2024年

山东冠森园林景观工程有限公司

平面及分析图——种植平面图

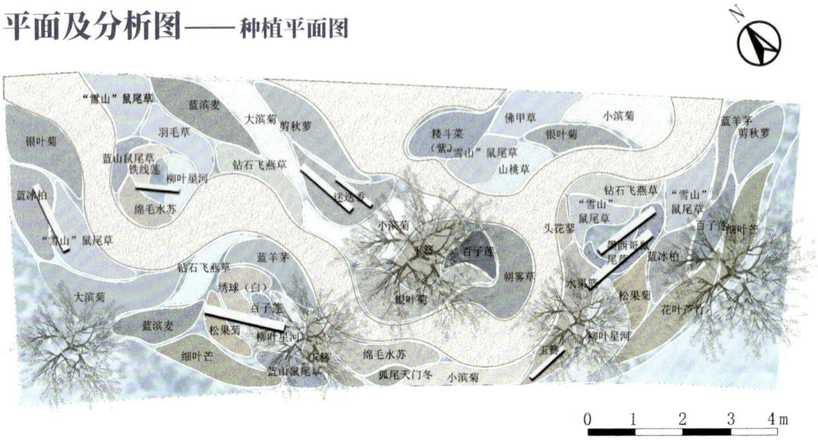

设计根据植物的生态习性，综合考虑植物的株高、花期、花色、质地等观赏特点。结合花镜主题，银白色系的植物打造清幽雅致的景观，同时选用长效型植物材料，四季有景可观。主要以宿根花卉为主，多选择在临沂露地越冬、不需要特殊养护且有较长花期和较高观赏价值的品种，同时还可以根据实际需求进行调整。

平面及分析图——效果图

该作品以山东省非物质文化遗产“鲁绣”为主题，从绣品中提取优美的曲线和圆形元素，巧妙融入设计之中，设置“绣绷”构筑物，以线为底、以花做线，绣出鲜活的花境绣品。整体基调选用灰白色，其取自鲁绣特色的书画笔墨效果，清隽淡雅，传达出鲁绣的文化内涵与历史底蕴。植物配置上，高低错落的植物展现植物的自然之美，银白色系的植物打造清幽雅致的景观，同时选用长效型植物材料，四季有景可观。

专家点评

该作品以植物为“线”，借助形状与体量适宜的“绣绷”，演绎作品主题。植物选择上，以白、灰等色彩为主色调，整体作品呈现蓝灰冷色调及其质感对比，较好地契合了鲁绣色彩淡雅的特征。花境植物配置手法也比较娴熟，整体效果较好。建议适当点缀暖色调植物，以烘托作品主色调氛围。

主要植物材料配置

序列	材料名称	规格/株高（cm）
1	朝雾草	10～20
2	玉簪	25～40
3	绵毛水苏	10～20
4	蓝羊茅‘伊利亚蓝’	30～40
5	银叶菊‘银灰’	50～60
6	柳叶星河花	40～150
7	细叶芒‘晨光芒’	100～150
8	墨西哥鼠尾草	40～50
9	荆芥‘蓝色忧伤’	40～150
10	滨菊‘白雪公主’	80
11	山桃草‘埃米琳’	50
12	佛甲草‘金叶’	10～20
13	狐尾天门冬	30～60
14	松果菊	50
15	火炬花	100～120
16	狼尾草‘矮株’	30～120
17	花叶芦竹	150
18	耧斗菜	50～70
19	百子莲	50～70
20	雪山鼠尾草	30～45
21	水果蓝	110～150
22	蓝山鼠尾草	50～60
23	蓝滨麦	90～150
24	小滨菊	20～30

（续）

序列	材料名称	规格/株高（cm）
25	迷迭香	35
26	剪秋萝	15～20
27	头花蓼	15～20
28	钻石飞燕草	80
29	墨西哥羽毛草	30～50
30	铁线莲	100～150
31	剑麻	50
32	蓝冰柏塔	150
33	绣球	80
34	圆锥绣球‘魔幻月光’	80
35	穗花牡荆	200
36	混播草皮	

⑪《顺风顺水》

2024年

临沂市丰洁环卫有限责任公司

平面图

效果图

作品简介

此花境设计以“顺风顺水”为主题，描绘自然花境的生态美，打造了“人在园中走，鱼在水中游，风在丛中过，身在美景中”的意境，对花境作品主要的平面要素、道路、种植区进行了形态构思。

设计选用黄色、紫色为主要色彩，其内的所有图纸均处理为对应块的颜色。花境中赋予了公园城市的生态成效，并进行了完美的展示。

作品赏析

花境通过抽象流水和游鱼的景观装置，体现了生态自然美，有效地利用现有场地条件，与周边环境相协调。设计过程中应用26种植物形成了花境主色调，并铺设了一条由白色石子铺成的游径，穿插于景观装置之中，传递出人与自然和谐共生的理念，让游客既能在远处欣赏花境带来的视觉享受，也能通过这条白色小路畅游在花境中，闻到花香、草香，真切感受到大自然的馈赠。

专家点评

该作品名称祥和、亲民。设计方案充分结合滨水带状的种植床的位置和形态特征，以非植物材料构成流畅、跳跃、律动的景观效果，使长条形作品具有整体感。植物品种的形态、质感选择较为合理，整体上层次丰富、高低错落，实现了较好的观赏效果。建议弱化非植物材料架构的体量与亮度，以更好体现植物景观的主体地位。

主要植物材料配置

序号	材料名称
1	矮蒲苇
2	花叶芒
3	红茱蕉
4	科斯帕绣线菊
5	红莲籽草
6	金鸡菊
7	蓝目菊
8	玉簪
9	亮晶晶棒棒糖
10	南天竹
11	小龟甲冬青
12	火焰狼尾草
13	细叶芒
14	过路黄
15	中华景天
16	木贼
17	鼠尾草
18	吴风草
19	翠芦藜
20	佛甲草
21	艾佛里斯特薹草
22	松果菊
23	蓝盆花

作品设计

⑫《一城繁花，两河锦绣》

2024年

聊城市林业发展中心

作品简介

作品以“一城繁花，两河锦绣”为题，采用“一核两带多点”的布局，以城作景，以水为魂，巧妙运用多种花境植物的季相变化和流畅的砾石园路勾勒出“两河明珠”城市的锦绣风光，展现“两河明珠”城市的自然之美、文化之韵与人文之情。

作品赏析

专家点评

该作品主题立意具有地域特色，植物品种多样，色彩丰富。“神光钟瑛”采用剪影手法，既体现了地标建筑的神韵，又避免了实景的臃肿，较好地处理了非植物材料与植物材料之间的关系。建议优化小品的表达形式、体量及位置，使其和花境的植物景观有机结合；优化植物选择，控制一二年生植物的用量，使景观整体协调且最大可能长效持久。

序号	材料名称	规格	数量	序号	材料名称	规格	数量
1	亮晶女贞塔	株	2	22	矾根	m^2	0.48
2	绣球	m^2	0.83	23	银叶菊	m^2	0.89
3	红宝石南天竹	株	1	24	金光菊	m^2	1.61
4	天鹅绒丛生矮紫薇	株	3	25	松果菊	m^2	1.60
5	造型亮晶女贞	株	1	26	蛇鞭菊	m^2	0.54
6	亮晶女贞球	株	1	27	长春花	m^2	1.97
7	高杆月季	株	2	28	宿根六倍利	m^2	2.56
8	蓝色波尔瓦	株	2	29	火炬花	m^2	1.74
9	早园竹	株	5	30	山桃草	m^2	0.37
10	狐尾天门冬	株	2	31	花叶美人蕉	m^2	0.42
11	皮球柏	m^2	0.93	32	穗花婆婆纳	m^2	0.25
12	一串红	m^2	6.09	33	花叶玉簪	m^2	0.32
13	五彩牵牛	m^2	6.02	34	大丽花	m^2	0.70
14	彩叶草	m^2	1.33	35	大麻叶泽兰	m^2	1.12
15	向日葵	m^2	2.69	36	花叶络石	m^2	0.89
16	美女樱	m^2	1.82	37	柳叶马鞭草	m^2	0.70
17	马利筋（金凤花）	m^2	2.54	38	薰衣草	m^2	2.52
18	荷花	株	4	39	粉黛乱子草	m^2	1.03
19	鼠尾草	m^2	1.56	40	火焰柳枝稷	m^2	1.10
20	郁金香	m^2	1.53	41	金叶石菖蒲	m^2	0.85
21	钻石月季	m^2	4.08	42	佛甲草	m^2	5

三等奖作品 17

❶《海岱花洲》

2022年

山东润华园林绿化工程有限公司

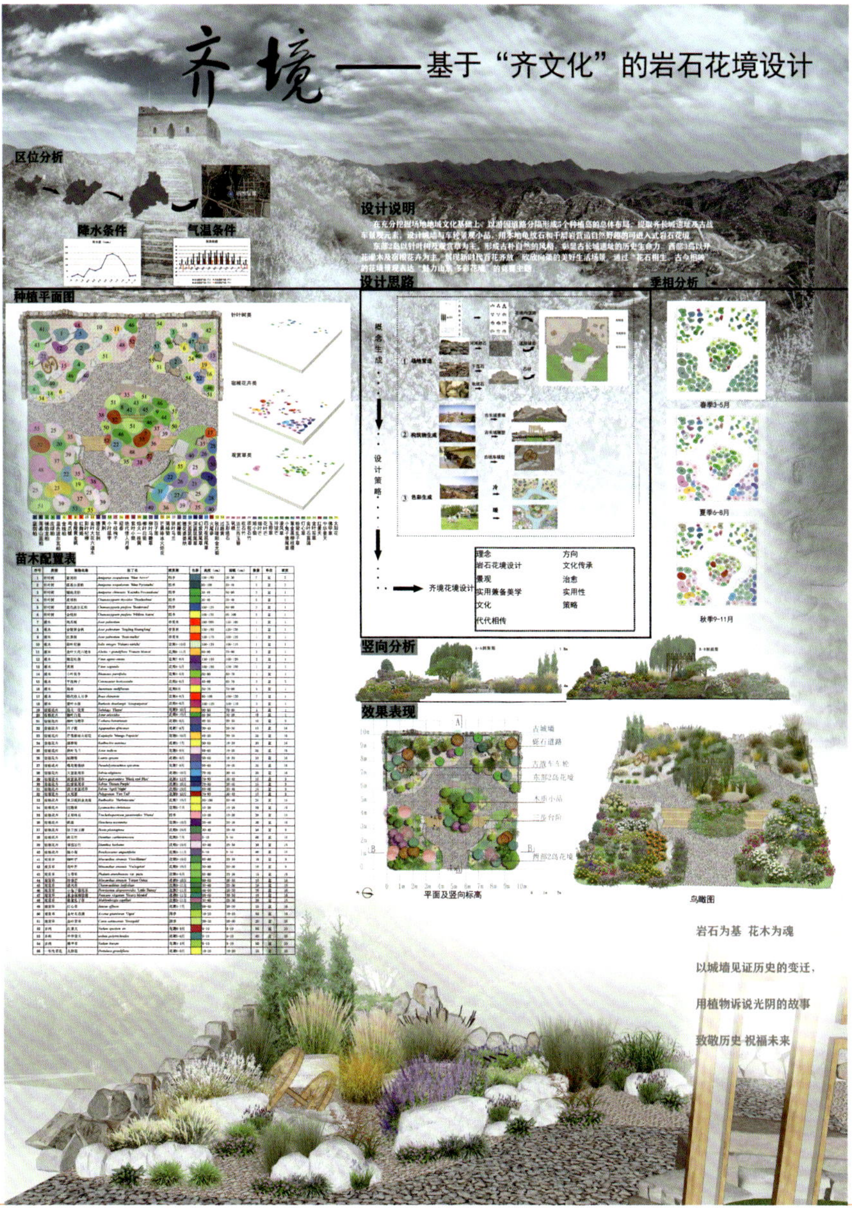

作品简介

岱青海蓝，齐风鲁韵，人文荟萃，传承发展，乃中华文明要义之精髓。
东方属木，草木为青。海岱唯青州。
场地以"海岱花洲"为设计主题，以儒风雅韵"为设计灵感，打造五种不同形态的花境群落板块。
入口以"开山之石""拾级而上"来刻画山东人开辟创新、拼搏进取的精神面貌。
场地整体比拟城市及郊野的形态轮廓，以小见大。将木栈道喻作扁舟，游弋于弥河之上，徜徉于"花洲"之间，置身于广厦之下。通过多个孜然转文和植物色彩进行过度，搭配高低起伏的地形及假山，形成强烈的空间层次对比。
海岱花洲
五嶽獨
山远天高红花盛，
泛舟海岱间。
一重山，两重楼。

设计思考：以花境为切入点探索人与城市发展和自然的关系。

设计意境：一重山，两重楼。山高天远红花盛，泛舟海岱间。

设计手法：以"海岱花洲"为设计主题，以"儒风雅韵"为设计思想，打造不同形态的花境群落板块。

入口的"开山之石""拾级而上"寓意山东人遇山开石、遇水搭桥的拼搏进取精神。

场地整体比拟城市及郊野的形态轮廓，以小见大。将木栈道喻作扁舟，游弋于弥河之上，徜徉于“花洲”之间，置身于广厦之下。通过多个自然转角和植物色彩进行过渡，搭配高低起伏的地形及假山，形成强烈的空间层次对比。

此作品占地100多m^2，应用了195种植物，其中水生植物20多种，阴生植物80多种，尤其耐阴植物玉簪就用了近20种。结合场地营造了林下环境、水湿环境、山石环境，探究花境在城市微更新中的应用。展示阴生花境在林下空间营造中的应用；水生花境在海绵城市项目中的应用；岩生花境在地形地貌不利于种植项目中的应用。旨在展示如何打造高颜值、长效性、低养护成本的花境，致力于花境行业的应用推广。

专家点评

该作品采用了多种园林景观要素，设计感较强。选用的植物种类丰富，配置手法较为细腻。多数植物的适生性较好，具有长效的特质。建议适当控制非植物材料的体量，弱化非植物材料景观在作品中的地位，精选植物材料，增加主调植物的重复率，以凸显作品的景观特质。

主要植物材料配置

序号	材料名称	规格	数量	序号	材料名称	规格	数量
1	造型黑松	M70美植袋	1	26	玉簪	2加仑	30
2	羽毛枫	M60美植袋	1	27	玉簪	1加仑	8
3	丛生紫薇	M60美植袋	1	28	松果菊混色	2加仑	
4	瓜子黄杨球	M60美植袋	1	29	金山绣线菊	2加仑	
5	亮晶女贞	M45美植袋	1	30	灯芯草	C150	
6	紫叶风箱果	M40美植袋	1	31	落新妇	2加仑	2
7	亮晶女贞球	M35美植袋	1	32	木贼	3加仑	2
8	穗花牡荆	M35美植袋	1	33	大花萱草	2加仑	2
9	南天竹	3加仑	2	34	百子莲	2加仑	2
10	龟甲冬青球	M45美植袋	1	35	小兔子狼尾草	3加仑	2
11	再力花	3加仑	5	36	花叶玉蝉花	2加仑	2
12	晨光芒	M45美植袋	1	37	黄菖蒲	52加仑	2
13	旱伞草	3加仑	2	38	荚果蕨	3加仑	2
14	花叶芒	3加仑	6	39	桑托斯马鞭草	2加仑	2
15	重金属柳枝稷	M35美植袋	2	40	蓝羊茅	2加仑	2
16	卡尔佛子茅	M35美植袋	1	41	大滨菊	1加仑	25
17	火炬花	2加仑	2	42	大叶吴风草	1加仑	8
18	花叶美人蕉	2加仑	1	43	金叶薹草	1加仑	5
19	天人菊	1加仑	15	44	金叶石菖蒲	10×15cm双色杯	13
20	紫叶狼尾草	M45美植袋	2	45	石竹	10×12cm双色杯	6
21	大花绣球	5加仑	10	46	蜀葵高杆混色	1加仑	20
22	玉簪‘甜心’	3加仑	1	47	虎耳草	1加仑	8
23	皮球柏	M35美植袋	1	48	糖蜜草	1加仑	10
24	紫叶山桃草	2加仑	1	49	玉带草	2加仑	5
25	凤凰绿薹草	2加仑	5	50	火焰卫矛球	M50美植袋	1

（续）

序号	材料名称	规格	数量	序号	材料名称	规格	数量
51	金姬小蜡	M40美植袋	1	80	球根蛇鞭菊	1加仑	15
52	花叶络石	C150	10	81	金光菊	C150	5
53	桔梗	C110	20	82	‘巨人’蒲棒菊	2加仑	3
54	蓝雪花	3加仑	3	83	‘盛芳’蓍草	1加仑	3
55	蓝色波尔瓦	2加仑	6	84	‘加勒比飞蓬	1加仑	10
56	枫叶天竺葵	2加仑	15	85	‘萨丽芳’鼠尾草	C150	10
57	乔木绣球	M30美植袋	1	86	‘雪山’鼠尾草	1加仑	15
58	圆锥绣球	M35美植袋	2	87	‘暗灰’迷迭香	C150	10
59	月季	1加仑	10	88	‘玫瑰’唐松草	1加仑	5
60	球菊	1加仑	30	89	‘华彩球’美女樱	C150	10
61	地被月季	C120	10	90	射干	2加仑	3
62	箱根草	1加仑	3	91	金叶过路黄	1加仑	20
63	桑倍斯凤仙	1加仑	20	92	茛力花	2加仑	5
64	纽扣藤	C180	3	93	虾夷葱	1加仑	5
65	红花地榆	1加仑	5	94	狐尾天门冬	2加仑	3
66	腹水草	2加仑	6	95	金叶紫露草	2加仑	3
67	黄金枸骨	2加仑	4	96	蔓锦葵浅紫色	1加仑	5
68	紫叶朱蕉	2加仑	5	97	银叶菊	2加仑	6
69	金边硬质丝兰	M30美植袋	3	98	黄金香柳	3加仑	5
70	黄金花柏	2加仑	2	99	舞春花	C150	20
71	平铺圆柏	2加仑	2	100	姬小菊	C150	20
72	朝雾草	2加仑	3	101	胭脂红景天	2加仑	6
73	琉璃菊	2加仑	3	102	中华景天	C110	600
74	蓝剑柏	2加仑	2	103	佛甲草	C110	200
75	香松	2加仑	3	104	多肉植物	陶	21
76	日本翠柏	2加仑	2	105	蓝色波尔瓦	2加仑	6
77	婆婆纳	2加仑	3	106	金钱蒲	C110	16
78	‘太阳吻’金鸡菊	C150	5	107	矾根	1加仑	25
79	‘叠日’金鸡菊	C150	10				

② 《齐鲁青绿，海岱阆风》

2022年

济南易通城市建设集团股份有限公司

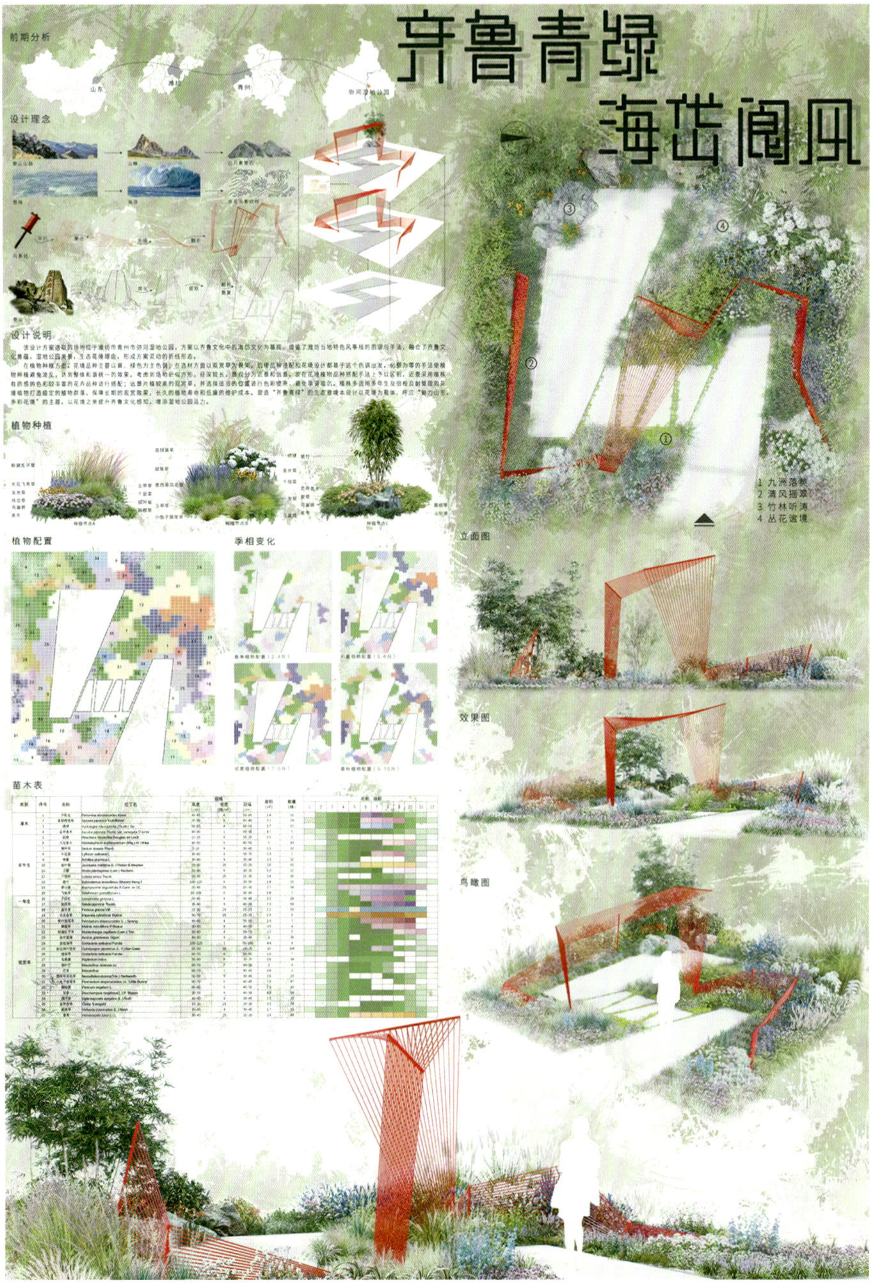

本方案以齐鲁文化中的海岱文化为基底，借鉴潍坊当地特色风筝线的肌理与手法，融合齐鲁文化意蕴，形成方案灵动的折线形态。
花境品种主要以黄、绿色为主色调；选材以观赏草为骨架，以多年生及宿根且耐管理的花境植物打造稳定的植物群落，保障长期的观赏效果、长久的植物寿命和低廉的维护成本。营造“齐鲁青绿”的生态意境。
齐鲁青绿
海岱阆风

作品简介

该设计场地位于潍坊市青州市弥河湿地公园，设计主题是“齐鲁青绿、海岱阆风”。场地主要的构筑物选取富有潍坊特色的风筝线作为设计肌理，并打造成抽象的“山”字的线廊；无论在园区各个角度，远观还是近看，冬天或是春天，这条线廊都能给游者不同的观感。

植物种植主要以黄色、绿色为主色调，营造“处处常春、只此青绿”的景观效果。入口处及近景主要选用比较低矮、色彩丰富的矾根、朝雾草、景天等进行有韵律的栽植，并点缀一些花期比较长的马齿苋，利用色彩对比、体量对比的不同植物，塑造“繁花簇九州”的植物景象；场地后方种植大量的蓝冰麦、紫焰狼尾草、小兔子狼尾草等观赏草，提高花境整体的植物层次，增加整个花境的观赏面，与周边的湿地景观形成统一的整体。同时，结合线廊的景观框，在框的两侧种植花期较长、色彩比较丰富的长效花卉，如松果菊、蓍草、婆婆纳、醉蝶花等，形成一条视线通廊，通过构筑物可将远处的荷塘也纳入景观中，形成框景。

植株多选用多年生及宿根且耐管理的花境植物打造稳定的植物群落，保障长期的观赏效果，营造“齐鲁青绿”的生态意境。以花境之美提升齐鲁文化感知，增添湿地公园活力。

专家点评

该作品以红色的抽象架构与多彩的植物景观形成强烈的视觉对比。以宿根花卉为主的植物材料勾勒出自然的平面斑块。建议增加适量花灌木以丰富作品的立面层次和冬天季相。

主要植物材料配置

序号	材料名称	规格	数量	序号	材料名称	规格	数量
1	白雪莲		3	26	络新妇	盆口径19cm	20
2	朝雾草	1加仑	200	27	绿营草		4
3	大滨菊	1加仑	50	28	鸟巢蕨		2
4	吊兰		3	29	千日红	盆口径18cm	20
5	东方狼尾草	2加仑	50	30	千叶蓍	1加仑	20
6	矾根	1加仑	30	31	马鞭草	2加仑	60
7	矾根	2加仑	110	32	山桃草	1加仑	13
9	风铃草		10	33	肾蕨		1
10	佛甲草		200	34	松果菊	盆口径18cm	40
11	花叶大道木	5加仑	12	35	穗花牡荆	5加仑	6
12	花叶芦竹	2加仑	15	36	穗花婆婆纳	2加仑	40
13	黄金草		30	37	天门冬		2
14	黄金枸骨		1	38	香根草		20
15	黄金柳		1	39	香柳		3
16	火焰狼尾草	2加仑	50	40	狼尾草		120
17	姬小菊	200#	100	41	绣球	5加仑	4
18	加色草		14	42	绣球	35加仑	1
19	金光菊	1加仑	60	43	绣线菊		4
20	蓝水麦		150	44	萱草	2加仑	60
21	蓝雪花	2加仑	10	45	银叶菊	1加仑	50
22	蓝羊矛		5	46	玉簪	5加仑	8
23	亮女贞		2	47	玉簪	2加仑	25
24	柳枝稷		50	48	竹子		2
25	六信利	1加仑	50				

作品设计

③《望海》

2022年

山东阆苑花卉有限公司

本花境的设计上以“登泰山之高而远眺，望黄海之水而听涛”为立意，以“望海”为主题，以花境为“海”，层层叠叠的宿根花卉犹如奔涌的“浪花”。立于此处放眼望去，犹如站在高山之巅远眺大海，一望无垠、海雾迷离，广阔的海平面渐渐消失在天际。东风徐来，花木摇曳，似浪花拍打礁石、浪头奔涌渐入沙滩，虽无惊涛骇浪，却有波光涟漪，让人仿似置身于碧波大海之中，海风拂面，用心倾听自然的呼唤。

花境在前景、中景、远景的设计上融入沙滩、浪花、海螺、海豚、海鸥等元素，体现山东海洋的特色；在植物配置上，大量选用宿根花卉，以展现花境“虽由人作、宛自天开”的景观效果，并因地制宜，选用华北和胶东特有植物，并融入滩涂耐盐碱植物，以展现山东胶东丰富的植物多样性。

作品简介

此花境的设计以“登泰山之高而远眺，望黄海之水而听涛”为立意，以“望海”为主题，以花境为“海”，层层叠叠的宿根花卉犹如奔涌的“浪花”。立于此处放眼望去，犹如站在高山之巅远眺大海，一望无垠、海雾迷离，广阔的海平面渐渐消失在天际。东风徐来，花木摇曳，似浪花拍打礁石、浪头奔涌渐入沙滩，虽无惊涛骇浪，却有波光涟漪，让人仿似置身于碧波大海之中，海风拂面，用心倾听自然的呼唤。

作品赏析

花境在前景、中景、远景的设计上融入沙滩、浪花、海螺、海豚、海鸥等元素，体现山东海洋的特色；在植物配置上，大量选用宿根花卉，以展现花境“虽由人作、宛自天开”的景观效果，并因地制宜，选用华北和胶东特有植物，并融入滩涂耐盐碱植物，以展现山东胶东丰富的植物多样性。

专家点评

该作品以海螺、海豚等海洋生物造型突出作品“望海”的主题，植物选择中注意了植物的耐盐碱性。建议弱化非植物材料构架的体量与色彩，以凸显花境的景观特质。

主要植物材料配置

序号	材料名称	规格	数量	序号	材料名称	规格	数量
1	铁筷子	3加仑	10	27	美人蕉	2加仑	33
2	毛地黄钓钟柳	150#双色盆	30	28	木贼	2加仑	8
3	玛格丽特	3加仑	6	29	栎叶绣球	40cm×35cm	2
4	千叶兰	150#双色盆	50	30	萱草	1加仑	10
5	天竺葵	150#双色盆	50	31	绣线菊	40cm×35cm	2
6	龙舌兰	5加仑	3	32	品种月季	30cm×25cm	5
7	同瓣草	150#双色盆	100	33	圆锥绣球	40cm×35cm	3
8	八宝景天	150#双色盆	40	34	圆锥绣球	40cm×35cm	3
9	柳叶白菀	3加仑	10	35	圆锥绣球	40cm×35cm	3
10	中华景天	150#双色盆	40	36	蓝柏	30cm×25cm	11
11	白草	120#双色盆	50	37	品种绣球	2加仑	10
12	虎耳草	150#双色盆	5	38	品种绣球	2加仑	6
13	宿根六倍利	1加仑	10	39	花叶玉蝉	2加仑	32
14	大麻叶泽兰	1加仑	21	40	落新妇	2加仑	5
15	棕红薹草	1加仑	6	41	矾根	1加仑	56
16	金边麦冬草	1加仑	30	42	蓝羊茅	2加仑	20
17	婆婆纳	120#双色盆	50	43	木绣球	2加仑	20
18	墨西哥羽毛草	150#双色盆	25	44	朱蕉	1加仑	223
19	鼠尾草	150#双色盆	30	45	桑蓓斯凤仙	1加仑	43
20	金山绣线菊	2加仑	10	46	初吻石竹	1加仑	80
21	狐尾天门冬	3加仑	5	47	耐寒蕨	1加仑	20
22	黄金香柳	3加仑	15	48	花叶芦竹	2加仑	10
23	胡颓子	冠幅60cm	5	49	狼尾草	2加仑	38
24	玉簪	5加仑	41	50	穗花婆婆纳	1加仑	20
25	玉簪	1加仑	10	51	穗花木槿	M50美植袋	2
26	金光菊	2加仑	55				

④《留仙幻境》

2022年

聊城市鼎鑫园林科技示范园有限公司

留仙幻境
一只白狐在梦境中窥探能使它化身人形的内丹，待以最美的容颜邂逅三生三世前，那段魂牵梦绕累世不忘的姻缘。三生石，水晶柱，奇花漫漫，梦里的禁忌始终锁不住红尘眷恋，纵然神剧净土，却决意不在成仙，一枚沉沦人世的丹，是梦里终究无法摆脱的执念。
将蒲松龄的梦映照进现实，打造以蓝紫色为主的绚丽花境，点缀玻璃灯柱和雾森，光影交织，如进梦境，槐树立于庭中，又在幻境中加入现实色彩，亦梦亦真。梦境是现实的写照，也是现实美好的升华，愿进“留仙幻境“，伴芳香、伴花影，留最美幻境。

此文案的设计理念来自蒲松龄先生的名作《聊斋志异》，根据“花”与“狐”的故事，创作出一处花影森森、灵狐隐逸的幻境花林。

此设计在绿化苗木上选择以耧斗菜、大花飞燕草、月见草、紫露草、紫娇花、天蓝鼠尾草、深蓝鼠尾草、穗花婆婆纳等为主的紫色系花材，搭配八宝景天、大滨菊、银蒿、美女樱、石菖蒲、迷迭香、佛甲草等多种色系的花材，后背景栽植细叶芒、狼尾草等草本植物以及紫荆，庭中以国槐为庭荫大树，营造以紫色系为主、多种色系交相呼应、层次错落有致的美丽景象。

花径两侧镜面柱子陈列于花间，反射周边景色，亦梦亦幻，一只“灵狐”隐匿花间，窥探着璀璨丹珠，这便是一场围绕着花间灵狐盗取内丹的花境游园。

坐在树荫下的石凳上，阳光照射下的斑斑点点，在风中，在阳光里，光影交织，如进梦境。

专家点评

该作品以紫色为主色调，辅以灵狐和镜面，营造如梦幻境的景致。星星点点的对比色，更突出了景观的“仙”。建议优化平面空间分隔和植物配置手法，适当缩小作品内部道路铺装体量，以凸显植物景观。

主要植物材料配置

序号	材料名称	数量（盆）	序号	材料名称	数量（盆）
1	金叶玉簪	2	31	落新妇	4
2	玉簪	20	32	花叶落石	80
3	金叶石菖蒲	15	33	绣球	5
4	皮球柏	3	34	蕨	3
5	皮球柏	2	35	圆锥绣球	1
6	蓝羊矛	25	36	万花径绣球	2
7	银姬小蜡	1	37	金叶绣线菊	15
8	迷迭香	2	38	蛇边菊	15
9	狐尾天门冬	2	39	银叶菊	5
10	千叶（大）	10	40	穗花牧荆	5
11	千叶（小）	25	41	红叶紫薇	5
12	矾根	45	42	黄金菊	3
13	婆婆纳	10	43	金丝桃	1
14	再力花	6	44	百子莲	5
15	黄金草	40	45	佛甲草	1500
16	中华景天	1	46	草坪	10
17	姬小菊	30	47	百子莲	20
18	女贞球	1	48	月季	28
19	紫薇	3	49	大滨菊	35
20	六道木	1	50	狼尾草	20
21	紫藤	1	51	细叶芒	20
22	酢浆草	10	52	千屈菜	20
23	油画常春藤	10	53	欧石竹	120
24	蓝色波尔瓦	5	54	勋章菊	200
25	马鞭草	15	55	月季	6
26	细叶美女樱	15	56	喷雪花	10
27	鼠尾草	80	57	超级一串红	15
28	紫娇花	35	58	六月雪	1
29	朱焦	3	59	络新妇	15
30	山桃草	15	60	蛇鞭草	5

5 《齐迹》

2022年

东营职业学院

齊迹
设计说明
本设计充分挖掘齐鲁文化之精髓，将齐鲁文化中的仁、德、孝、和等与花语文化相结合，作为故事主题展开花境的设计。沿着时间轴线，提炼3种主花材，五月母亲节以中国传统母亲花大花萱草为主花材，六月父亲节以黄色向日葵为主花材，七夕则以玫瑰为主花材。中国传统花材与西方现代花材的融合，中西花卉文化的交融，将呈现齐鲁大地上的新的文化奇迹。花境以一二年生草本乡土花卉为主材料，搭配部分花灌木新品种，分前景、中景、背景。营造高低错落的植物群落。
区位分析
设计思路
场地分析
设计策略
设计目标
生境
画境
意境
齐灌草搭配
花鸟画
山水画
花卉文化
齐鲁文化
气候条件
地理位置
海岱明珠
传承与创新
设计理念
仁、德、孝、和
虽由人作，宛自天开
生境
画境
意境
大花萱草
向日葵
玫瑰/树状月季
P(0, 0, 0)
15000
7000
平面图
春季
夏季
秋季
季相图
植物配置表
侧立面图

本设计充分挖掘齐鲁文化之精髓，将齐鲁文化中的仁、德、孝、和等与花语文化相结合，作为故事主题展开花境的设计。沿着时间轴线，提炼3种主花材，五月母亲节以中国传统母亲花大花萱草为主花材，六月父亲节以黄色向日葵为主花材，七夕则以玫瑰为主花材。中国传统花材与西方现代花材的融合，中西花卉文化的交融，花卉文化和齐鲁文化的交融，将呈现齐鲁大地上的新的文化奇迹。花境以一二年生草本乡土花卉为主材料，搭配部分花灌木和石材，分前景、中景、背景，营造高低错落的植物群落。
虽由人作，宛自天开
齊迹

作品简介

此方案设计理念充分挖掘齐鲁文化之精髓。将齐鲁文化中仁、德、孝、和等与花语文化相结合，作为故事主题展开花境的设计，最终上升为人与自然和谐共生。在传承历史、尊重自然的基础上创新，力求打造虽由人作、宛自天开的生境、画境和意境，为生态文明建设贡献齐鲁智慧和齐鲁力量。

场地长15m、宽7m，依据其狭长形特征，提炼3种主花材，母亲花大花萱草，父亲花向日葵，爱情花玫瑰，形成3个组团分别代表悠悠母爱、巍巍父爱和忠贞爱情。传统花材与现代花材的融合，中西花卉文化的交融，呈现出齐鲁大地上的新的文化奇迹。

整体材料选择以青州本地乡土花灌木（如青州市市花月季）、宿根花卉（大花萱草、木绣球、玉簪、麦冬、小丽花等）、观赏草（粉黛乱子草、细叶芒、斑叶芒等）及不超过15%的时令花卉为主，选用泰山石搭配黑松作迎客松，寓意好客山东欢迎您。同时，引用了花卉新品种，如果汁阳台玫瑰、百子莲、花叶六道木、黄金枸骨、红叶卫矛、玩具熊油葵等。

所有植物材料选择耐旱、耐热、耐涝以及抗病虫害的品种，做到低维护性。整个色彩以绿色作为底色，上层为青绿色背景，中层为色彩明快的黄绿色突出主题，下层则是较为沉稳的蓝紫色。乔、灌、花、草、松、石搭配合理，花期交错，做到美观性。按照高、中、低的层次搭建植物群落，做到生态性。常绿植物和部分落叶乔木做骨干材料，保证了整个花境参展期和参展后的观赏效果，做到长效性，实现绿色生态可持续发展。

人与自然和谐共生

作品简介

该作品基本采用植物语言演绎作品主题，植物选择原则清晰，作品主体景观具有较好的长效性。建议适当压缩植物种类（品种）数量，增加主调植物的重复率，以强化作品的整体感。

主要植物材料配置

序号	材料名称	规格（cm）	数量
1	佛甲草	10～15	200
2	姬小菊	10～15	119
3	情人草	5～10	50
4	千叶吊兰	5～10	35
5	花叶络石	10～15	8
6	箱根草	10～20	3
7	洋桔梗	10～15	1
8	桔梗	10～15	36
9	五星花	10～15	20
10	五角星		10
11	舞春花	10～20	6
12	满天星	10～20	40
13	满天星	5～10	16

（续）

序号	材料名称	规格（cm）	数量
14	猫眼长寿	15～20	40
15	欧石竹	15～20	6
16	金叶石菖蒲	20～30	20
17	玛格丽特	20～30	3
18	玛格丽特	20～30	18
19	大花萱草	15～25	20
20	金娃娃萱草	20～30	28
21	大花萱草	20～40	3
22	绣线菊	10～20	4
23	绣线菊	15～25	1
24	绣线菊	10～20	10
25	蓝羊茅	15～30	7
26	矾根	15～25	6
27	蓝柏	25	2
28	鲁冰花	20～35	4
29	皮球柏	30	1
30	毛地黄（红、黄、白）	30	40
31	银叶菊	25～35	2
32	蓝宝石	15～25	5
33	耐寒蕨	40	2
34	洛新妇	20～30	3
35	洛新妇	30～40	5
36	洛新妇	20～30	3
37	玉簪	20～30	5
38	玉簪	40～50	2
39	鼠尾草	30～40	6
40	千鸟花	30～40	15
41	肾蕨		5
42	黄金条		8
43	玫瑰	10～15	5

（续）

序号	材料名称	规格（cm）	数量
44	玫瑰	15～20	3
45	果汁阳台玫瑰	20～35	5
46	六道木（花叶）	35	1
47	火炬	60	2
48	婆婆纳	25～35	11
49	小丽花	20～40	4
50	龙船花	20～40	3
51	百子莲	40～60	4
52	姜荷花	40～50	2
53	黄金构骨	50	1
54	松果菊	30～50	10
55	丝兰	40	1
56	吸毒王		1
57	木绣球	60	2
58	圆锥绣球	60～80	2
59	牡荆	50～80	1
60	粉黛乱子草	50～100	50
61	狼尾草	60～110	50
62	小盼草	70～100	20
63	斑叶芒	100～120	10
64	紫叶狼尾草	20～30	4
65	日本血草	20～30	2
66	羽丝绒	50～70	3
67	蒲苇	70～90	3
68	柳枝暨	50～60	2
69	月季	50～80	5
70	玫瑰（5个品种）	60～120	5
71	千屈菜	100～120	2
72	蛇鞭菊	70～80	3
73	蓝雪花	80～100	5

（续）

序号	材料名称	规格（cm）	数量
74	向日葵		3
75	尤加利	20～30	1
76	亮晶女贞球（小）	40	1
77	亮晶女贞球（大）	80	1
78	亮晶女贞（锥形）	60	1
79	亮晶女贞球（锥形）	90	1
80	棒棒糖	150	1
81	亮晶女贞	150	1
82	棒棒糖	150	1
83	龟甲冬青	50	1
84	蓝柏	120	1
85	红花檵木球	80	1
86	高山杜鹃	120	1
87	羽毛枫		1
88	紫薇	100～130	7
89	紫薇		2
90	红叶卫矛		2
91	红枫	200	1
92	毛竹	200	8
93	黑松		1

⑥《杏坛遗风　锦绣花都》

2022年

潍坊工程职业学院

作品简介

《杏坛遗风，锦绣花都》花境以弘扬孔孟文化为主题，同时也是“花都”青州特色产销花卉的一次展览。花境借助花语、花形、花色、花香、花境小品等花文化和景观要素表现主题。

花境前方的书简节选自《论语》，驻足阅读之际，可以嗅到茉莉和黄金香柳的淡香，营造出读书品茗的雅韵。

花境后方的木格栅书写一句名言“修身，齐家，治国，平天下”，这也是对莘莘学子的美好祝愿。

花境以穗花牡荆、女贞、五角枫、火焰卫矛等小灌木为骨架，种植月季、婆婆纳、千鸟花、五色梅等多种木本或宿根花卉，还选择了蓝羊毛、金叶芒等多种观赏草，点缀少量一二年生花卉，花开四季，兼顾秋冬，打造长效性、低维护的花境美景。

修身齐家治国平天

专家点评

该作品主题契合地方文化和参赛者身份，主题表达方式丰富。植物选择指向性比较明确，景观具有长效性潜质。建议优化“竹筒”的体量与形状，使其更好服务于作品主题。

主要植物材料配置

序号	材料名称	数量	序号	材料名称	数量
1	芒叶五角枫	1	22	金边吊兰	35
2	五角枫	2	23	山桃草	10
3	穗花牡荆	1	24	鼠尾草	10
4	女贞塔形	1	25	红色月季	20
5	女贞冠幅1m球形	1	26	天天开	80
6	亮晶女贞球	4	27	酢酱草（红叶）	30
7	绣球	1	28	15cm盆蓝羊毛	15
8	美人蕉	2	29	30cm盆佛甲草	15
9	蓝雪花	4	30	30cm盆佛甲草	10
10	大西洋绣球	2	31	五星花	100
11	无尽夏绣球	10	32	姬小菊	80
12	龙舌兰	3	33	长阶花	40
13	‘橘汁’月季	25	34	银叶菊	60
14	五色梅	15	35	毛地黄	25
15	黄金香柳	15	36	六角盆千叶	30
16	香根草	5	37	矮牵牛花	40
17	婆婆纳	6	38	马兰	2
18	络新妇	10	39	金叶芒	80
19	千年木	30	40	满天星	500
20	2加仑芒草	8	41	小杯蓝羊毛	1000
21	金叶石菖蒲	30			

⑦《旷野新生》

2023年

威海职业学院

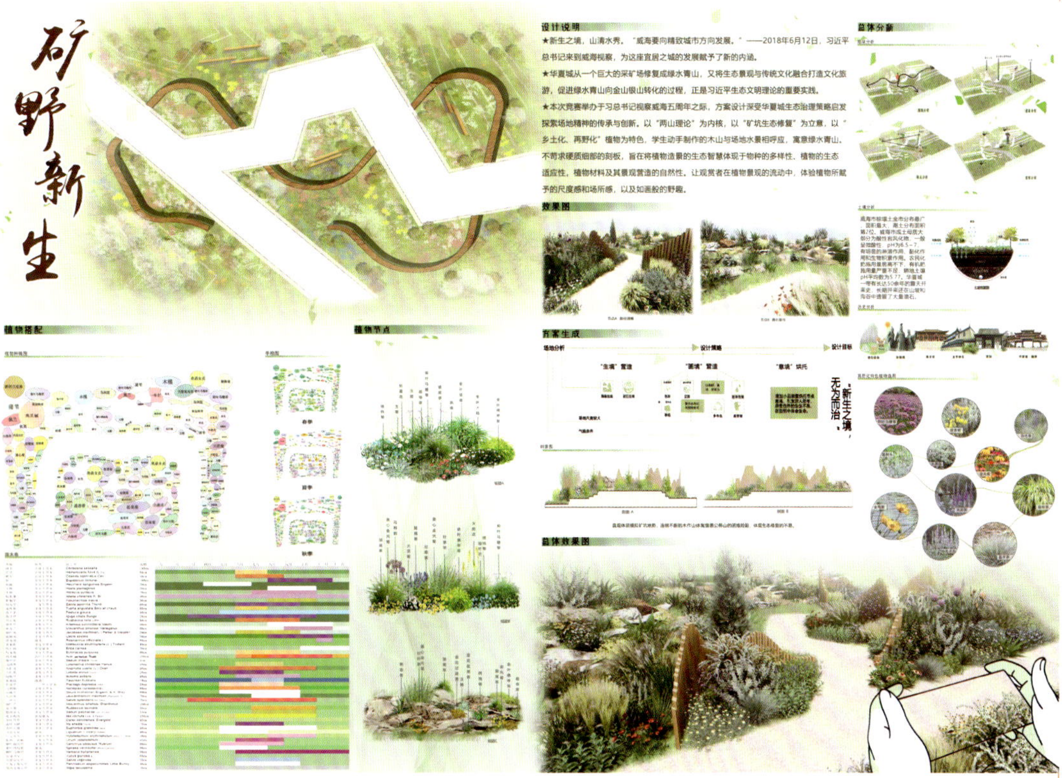

新生之境，山清水秀。“威海要向精致城市方向发展”——2018年6月12日，习近平总书记到威海视察，为这座宜居之城的发展赋予了新的内涵。

华夏城从一个巨大的采矿场修复成绿水青山，又将生态景观与传统文化融合打造文化旅游，促进绿水青山向金山银山转化的过程，正是习近平生态文明思想的重要实践。

方案设计以“两山”理念为内核，以“矿坑生态修复”为立意，以“乡土化、再野化”植物为特色，学生动手制作的木山与场地水景相呼应，寓意绿水青山。不苛求硬质细部的刻板，旨在将植物造景的生态智慧体现于物种的多样性、植物的生态适应性、植物材料及其景观营造的自然性。让观赏者在植物景观的流动中，体验植物所赋予的尺度感和场所感，以及如画般的野趣。

作品简介

专家点评

该作品主题鲜明，植物选择与配置手法比较成熟，微地形处理合理，景观清新自然。建议优化植物栽植与养护的园艺技艺与非植物材料架构的工艺水平。

主要植物材料配置

序号	材料名称	数量（颗）	序号	材料名称	数量（颗）
1	火炬花	10	20	蓝杉	5
2	金叶佛甲草	80	21	虞美人	35
3	蓝羊矛	20	22	箱根草	15
4	绣线菊	25	23	蓝花亚麻	50
5	羽毛草	50	24	雏菊	80
6	针茅草	30	25	天蓝鼠尾草	30
7	金叶石菖蒲	15	26	玉簪	15
8	大花葱	30	27	红运萱草	40
9	银叶菊	30	28	滨菊	50
10	银香菊	40	29	松果菊	80
11	夏雪草	80	30	大麻叶泽兰	30
12	黑心金光菊	60	31	细叶芒	60
13	宿根亚麻	60	32	山桃草	20
14	柳叶马鞭草	80	33	蓝柏	7
15	蓝刺头	50	34	喷雪花	10
16	狐尾天门冬	25	35	晨光芒	20
17	灯芯草	20	36	迷迭香	50
18	金叶过路黄	80	37	柳叶白菀	20
19	水果蓝	15			

8 《经略海洋》

2023年

威海职业学院

经略海洋

——山东省花境职业技术竞赛

设计说明：

花境命题“经略海洋”，是对经略海洋理念的艺术诠释和生态实践。花境以海洋为灵感和主题，通过塑造微地形、搭配植物来营造花境，展现了人类与海洋的和谐共生和可持续发展的愿景。提取海浪拍打沙曲折蜿的线条为平面形式，既模拟了海岸线的地貌特征，也体现了人类对海洋的探索和开拓。竖向上高低错落的植物好似浪花般，既展现了海洋的动态美和力量美，也寓意了人类对海洋的敬畏和向往。植物搭配中，以大花绣球、圆维绣球、欧洲木锈球为植物主体，它们的球状花序富有立体感和质感，又能与波浪形成呼应。搭配各美观赏草和宿根花卉，增加色彩和变化，也能体现海洋的多样性和生机。以期创造出步移景异，时移景异，“本于自然，高于自然”的植物景观，让人在欣赏花境的同时，也能感受到经略海洋的意义和价值。

花境设计与经略海洋的本意有着紧密的关系，它不仅反映了对海洋的美学欣赏和生态保护，也表达了对海洋强国战略目标的支持和推动。经略海洋是中国实现可持续发展和建设社会主义现代化强国的重要战略目标，它要求我们在涉及海洋发展的重要问题上作出具有战略性的谋划，从而推动海洋强国战略目标的实现。花境以海洋为灵感和主题，以海洋文化为基础，通过艺术和生态的手段，营造出一种具有视觉冲击力和教育意义的花境。这种花境不仅能让人们在欣赏美景的同时，也能让人们对海洋有更深刻的认识和理解，从而增强人们对海洋的敬畏和探索，以及对海洋强国战略目标的支持和推动。

序号	品种	品名	学名	高度/冠幅	观赏期						
					4	5	6	7	8	9	10
1	红枫		Acer palmatum 'Atropurpureum' (Van Houtte) Schwer								
2	亮晶女真	柠檬之光	Ligustrum × vicaryi Rehder								
3	喷雪花		Spiraea thunbergii								
4	圆锥绣球	月神	Hydrangea paniculata Sieb.	35-65cm							
5	大花绣球	无尽夏	Hydrangeamacrophylla(Thunb.) Ser.	50-80cm							
6	欧洲木绣球		Viburnum macrocephalum Fort.								
7	鼠尾草	天蓝	Salvia japonica Thunb.	30-100cm							
8	大花萱草	鸿运	Hemerocallis hybrida Bergmans	50-80cm							
9	千屈菜	漩涡	Lythrum salicaria L.	30-80cm							
10	落新妇		Astilbe chinensis (Maxim.) Franch. et Savat								
11	地被福禄考		Phlox subulata L.	10cm							
12	地被石竹		Carthusian pink								
13	松果菊		Echinacea purpurea(Linn.) Moench	40-80cm							
14	天人菊		Gaillardia pulchella Foug.	30-100cm							
15	滨菊		Leucanthemum vulgare Lam.	15-80cm							
16	银叶菊		Senecio cineraria DC.	30-50cm							
17	蓝羊茅		Festuca glauca Vill.	80-100cm							
18	天门冬	狐尾	Asparagus densiflorus 'Myersii'								
19	箱根草		Hakonechola macra								
20	金叶石菖蒲		Acorus gramineus 'Ogon'								
21	肾蕨		Nephrolepis auriculata (L.) Trimen								
22	玉簪		Hosta plantaginea (Lam.) Aschers.	40-80cm							
23	矾根		Heuchera micrantha Douglas ex Lindl.								
24	柳枝稷	火焰	Panicum virgatum L.								
25	蓝冰柏		Cupressus arizonica var. glabra 'Blue Ice'								

经略海洋

设计说明：

花境命题“经略海洋”，是对经略海洋理念的艺术诠释和生态实践。花境以海洋为灵感和主题，通过塑造微地形、搭配植物来营造花境，展现了人类与海洋的和谐共生和可持续发展的愿景。提取海浪拍打沙曲折蜒的线条为平面形式，既模拟了海岸线的地貌特征，也体现了人类对海洋的探索和开拓。竖向上高低错落的植物好似浪花般，既展现了海洋的动态美和力量美，也寓意了人类对海洋的敬畏和向往。在对海洋的体现上，运用了蓝色的树皮铺装，这种有机覆盖物既体现了海洋样貌，又有着生态环保和保水保肥的作用。搭配各美观赏草和宿根花卉，增加色彩和变化，也能体现海洋的多样性和生机。以期创造出步移景异，时移景异，“本于自然，高于自然”的植物景观，让人在欣赏花境的同时，也能感受到经略海洋的意义和价值。

花境设计与经略海洋的本意有着紧密的关系，它不仅反映了对海洋的美学欣赏和生态保护，也表达了对海洋强国战略目标的支持和推动。经略海洋是中国实现可持续发展和建设社会主义现代化强国的重要战略目标，它要求我们在涉及海洋发展的重要问题上作出具有战略性的谋划，从而推动海洋强国战略目标的实现。花境以海洋为灵感和主题，以海洋文化为基础，通过艺术和生态的手段，营造出一种具有视觉冲击力和教育意义的花境。这种花境不仅能让人们在欣赏美景的同时，也能让人们对海洋有更深刻的认识和理解，从而增强人们对海洋的敬畏和探索，以及对海洋强国战略目标的支持和推动。

序号	名称	规格	单位	数量	序号	名称	规格	单位	数量
1	荷兰菊	1加仑	棵	30	33	繁星花		棵	70
2	木贼	2加仑	棵	3	34	印度辰		盆	5
3	百子莲	2加仑	棵	25	35	柳叶白菀		盆	3
					36	狐尾天门冬		盆	3
4	花叶玉蝉	2加仑	棵	6	37	品种月季	h=0.5，p=0.5	盆	10
5	金叶苔草	2加仑	棵	10	38	金叶佛甲草	120盆	盆	800
6	蓝羊毛	2加仑	棵	15	39	欧石竹	120盆	盆	800
7	大滨菊		棵	150	40	水生鸢尾	120盆	盆	50
8	中华景天		棵	450	41	细叶芒	3加仑	盆	10
9	蛇鞭菊		棵	30	42	花叶玉簪	3加仑	盆	10
10	穗花婆婆纳		棵	90	43	络新妇	2加仑	盆	10
11	喷雪花	w =1 m	棵	1	44	蓝色波尔瓦	2加仑	盆	3
12	蓝花鼠尾草	2加仑	棵	80	46	千屈菜	2加仑	盆	5
13	棉杉菊		棵	15	47	羽毛枫	h=0.8-1.2m p≥1.2m	株	2
14	香根草		棵	30					
15	玉簪蓝色	3加仑	盆	10	48	亮晶女贞柱	h=1.5-1.8m p≥1.5m	株	3
16	金光菊	1加仑	棵	35	49	皮球柏	p≥0.8m	株	2
17	迷迭香	2加仑	棵	6					
18	黄金线柏		棵	4	50	大盆月季	p≥0.9m	株	3
19	马醉木		棵	10	51	欧洲木绣球	h=1.5-1.8m p≥0.5m	株	2
20	花叶络石	5加仑	棵	7	52	圆锥	h=1.5-1.8m p≥1.5m	株	3
21	墨西哥羽毛草	2加仑	棵	12	53	花叶杞柳	h=1.0-1.2m p≥1.0m	株	3
22	德国景天	3加仑	棵	20	54	花叶锦带	h=0.5-0.6m p≥0.5m	株	3
23	黄金喷泉	5加仑	棵	1					
24	百合		棵	12	55	大绣球/无尽夏	h=0.5-0.6m p≥0.8m	盆	5
25	剑麻		棵	5	56	穗花牡荆	h=1.5-1.8m p≥1.5m	株	2
26	兰花三七		棵	10	57	釉锦		株	1
27	松果菊	1加仑	棵	30	58	海桐球	h=1.2-1.3m p≥1.5m	株	3
28	欧石楠		棵	16					
29	铺地柏		棵	3	59	三七景天			
30	德国鸢尾	1加仑	棵	12	60	鸡爪槭	h=2.0-2.5m p≥2.5m	株	1
31	蓝盆花		棵	25					
32	血草		棵	5	61	亮晶女贞球	p≥0.5m	株	3

花境设计充分发掘地域特色，结合场地现状，对“经略海洋”理念进行艺术的诠释、生态的实践。

花境以“海洋”及“和谐人居”作为灵感及立足点，通过塑造地形及植物配置，展现人类与海洋和谐共生，可持续发展的愿景。

专家点评

该作品空间布局自然，植物配置以自然式点植为主，浅黄与深蓝两色覆盖物有助于演绎海洋主题。建议优化植物配置手法，提高作品的群落感和层次感。

主要植物材料配置

序号	材料名称	规格	数量
1	荷兰菊	1加仑	30
2	木贼	2加仑	3
3	百子莲	2加仑	25
4	花叶玉蝉	2加仑	6
5	金叶薹草	2加仑	10
6	蓝羊毛	2加仑	15
7	大滨菊		150
8	中华景天	3加仑	450
9	蛇鞭菊	2加仑	30
10	穗花婆婆纳	2加仑	90
11	喷雪花	冠幅1m	1
12	蓝花鼠尾草	2加仑	80
13	棉杉菊	2加仑	15
14	香根草	2加仑	30
15	玉簪（蓝色）	3加仑	30
16	金光菊	2加仑	25
17	迷迭香	2加仑	6
18	黄金线柏		4
19	花叶络石		10
20	朝雾草		12
21	墨西哥羽毛草	2加仑	12
22	德国景天	3加仑	20
23	黄金喷泉	5加仑	1
24	百合	2加仑	15
25	剑麻		5
26	兰花三七		10

（续）

序号	材料名称	规格	数量
27	松果菊	1加仑	30
28	袖珍枫	高度=0.8～1.2m，冠幅≥1.2m	1
29	铺地柏		3
30	德国鸢尾	1加仑	12
31	蓝盆花		25
32	血草		5
33	繁星花		70
34	印度厥		5
35	柳叶白菀		3
36	狐尾天门冬		3
37	品种月季	高度=0.5m，冠幅=0.5m	10
38	金叶佛甲草	120盆	800
39	欧石竹	120盆	800
40	水生鸢尾	120盆	50
41	细叶芒	3加仑	10
42	花叶玉簪	3加仑	10
43	落新妇	2加仑	10
44	蓝色波尔瓦		3
45	三七景天	120盆	50
46	千屈菜	2加仑	5
47	羽毛枫	高度=0.8～1.2m，冠幅≥1.2m	2
48	亮晶女贞柱	高度=1.5～1.8m，冠幅≥1.5m	3
49	皮球柏	冠幅≥0.8m	2
50	大盆月季	冠幅≥0.9m	3
51	欧洲木绣球	高度=1.5～1.8m，冠幅≥0.5m	2
52	圆锥绣球	高度=1.5～1.8m，冠幅≥1.5m	3
53	花叶杞柳	高度=1.0～1.2m，冠幅≥1.0m	3
54	花叶锦带	高度=0.5～0.6m，冠幅≥0.5m	3
55	大绣球/无尽夏	高度=0.5～0.6m，冠幅≥0.8m	5

（续）

序号	材料名称	规格	数量
56	穗花牡荆	高度=1.5～1.8m，冠幅≥1.5m	2
57	海桐球	高度=1.2～1.3m，冠幅≥1.5m	3
58	鸡爪槭	高度=2.0～2.5m，冠幅≥2.5m	1
59	亮晶女贞球	冠幅≥0.5m	3
60	胡颓子	3加仑	1
61	丁香	美植袋口径21.5cm	1
62	绣线菊	美植袋口径45cm	1
63	筋骨草	盆口径15cm	100
64	斑叶芒	美植袋口径29.5cm	1
65	晨光芒	美植袋口径30cm	1
66	金边麦冬	2加仑	5
67	薹草	2加仑	5

⑨《花漾如梦》

2023年

济南园林开发建设集团有限公司

作品简介

以《花漾如梦》为题，设计遵循自然生态原则，依托山石水系，营造舒缓地形，形成层次丰富的植物景观。选材以冷色系植物为主，通过艺术的排列组合再现如梦似幻的空间，似将诗词植入绿色生命，又似将游人引入婉约词境，再现“语尽而意不尽，意尽而情不尽”的山水画卷。

作品赏析

知否 知
应是绿肥

专家点评

该作品较好地利用了地块中原有的叠石假山，营建成具有岩石花园风格的花境作品，景观的辨识度较高。建议更加注重植物的耐旱性等生态习性，优化平面斑块形状，凸显作品风格。

主要植物材料配置

序号	材料名称	规格	数量	序号	材料名称	规格	数量
1	拂子茅	2加仑	80	21	黄金喷泉	M50	22
2	银边阔叶麦冬	1加仑	280	22	红王子锦绣	5加仑	20
3	林荫鼠尾草	1加仑	180	23	艾佛利斯特薹草	1加仑	40
4	千屈菜	花盆口径30cm	120	24	百子莲	2加仑	30
5	火炬花	2加仑	80	25	穗花婆婆纳	2加仑	24
6	紫菀	2加仑	200	26	花叶络石	花盆口径18cm	25
7	火山岩	袋	18	27	玉簪	1加仑	36
8	山桃草	1加仑	170	28	大花六道木	5加仑	12
9	鸢尾	1加仑	180	29	细叶针茅	2加仑	25
10	狐尾天门冬	2加仑	60	30	灯芯草	1加仑	25
11	矾根	1加仑	120	31	蓝色波尔瓦	2加仑	12
12	马鞭草	1加仑	310	32	香松	2加仑	6
13	银叶菊		120	33	香草草莓	2加仑	12
14	虎耳草	1加仑	75	34	佛甲草		9600
15	马蔺	花盆口径12cm	380	35	亮晶女贞球	5加仑	7
16	晨光芒	2加仑	40	36	造型松		2
17	松果菊	1加仑	360	37	蓝冰柏塔		9
18	蓝盆花	2加仑	48	38	矮蒲苇	2加仑	116
19	花叶芒	2加仑	90	39	细叶芒	5加仑	75
20	中华景天	盘	145				

⑩《云溪荷香·天光云影共徘徊》

2023年

青岛博雅生态环境工程有限公司

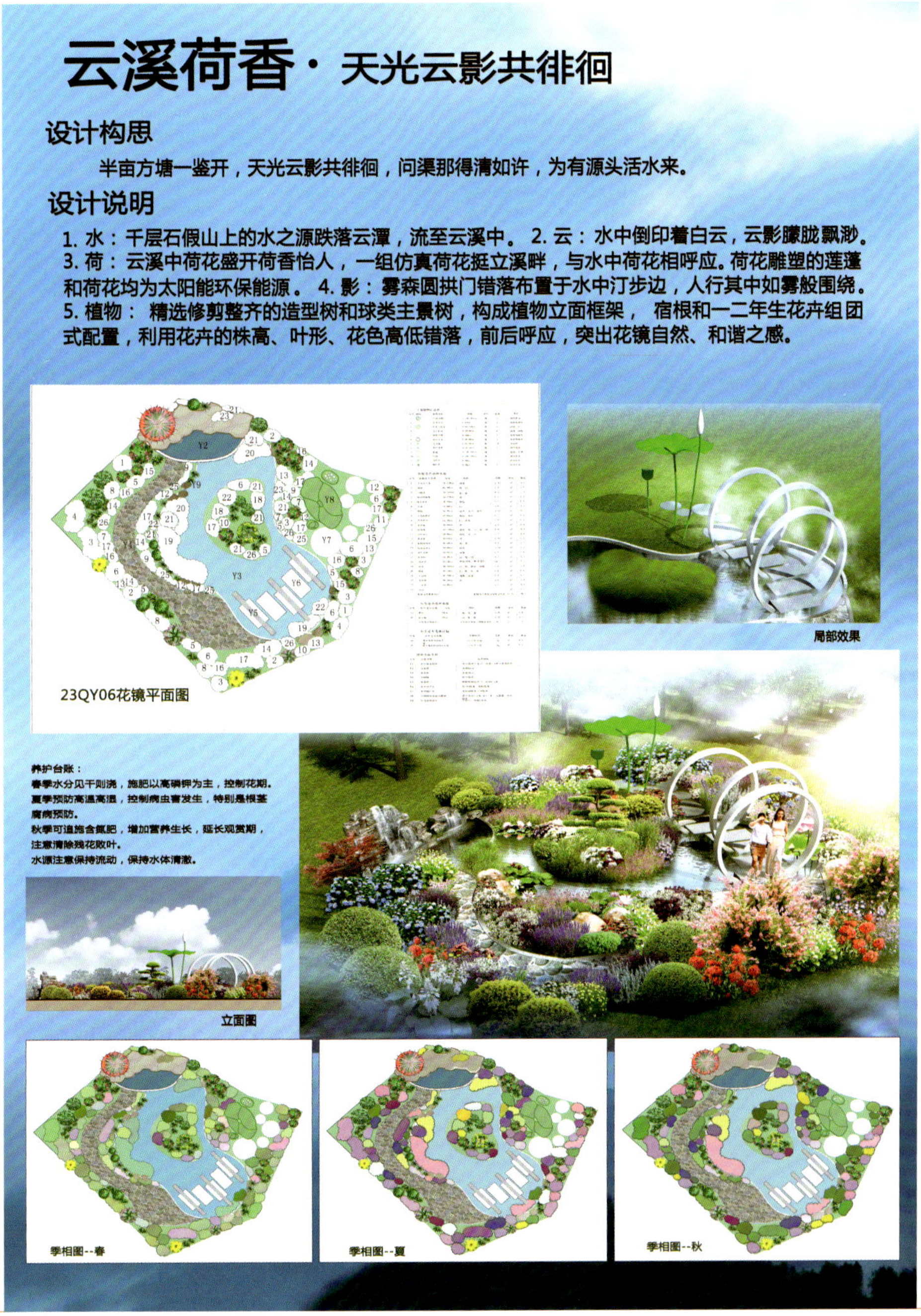
云溪荷香·天光云影共徘徊
设计构思
半亩方塘一鉴开，天光云影共徘徊，问渠那得清如许，为有源头活水来。
设计说明
1. 水：千层石假山上的水之源跌落云潭，流至云溪中。 2. 云：水中倒印着白云，云影朦胧飘渺。
3. 荷：云溪中荷花盛开荷香怡人，一组仿真荷花挺立溪畔，与水中荷花相呼应。荷花雕塑的莲蓬和荷花均为太阳能环保能源。 4. 影：雾森圆拱门错落布置于水中汀步边，人行其中如雾般围绕。
5. 植物： 精选修剪整齐的造型树和球类主景树，构成植物立面框架， 宿根和一二年生花卉组团式配置，利用花卉的株高、叶形、花色高低错落，前后呼应，突出花镜自然、和谐之感。
23QY06花镜平面图
局部效果
养护台账：
春季水分见干则浇，施肥以高磷钾为主，控制花期。
夏季预防高温高湿，控制病虫害发生，特别是根茎腐病预防。
秋季可追施含氮肥，增加营养生长，延长观赏期，注意清除残花败叶。
水源注意保持流动，保持水体清澈。
立面图
季相图--春
季相图--夏
季相图--秋

作品简介

充分利用现有自然地势特点，突出“云溪荷香”主题。洁白如玉的石子旱溪静静流淌，两株绿色荷叶挺水而出，荷叶上露珠晶莹欲滴。蜿蜒的驳岸草盛花香，花影绰绰，营造出一幅驳岸花境景观。

专家点评

该作品的设计感较强，以多种荷叶造型演绎了作品“云溪荷香”主题。建议更加注重植物的选择与配置，优化平面斑块与立面层次，凸显花境景观特质。

作品赏析

序号	材料名称	规格	数量	序号	材料名称	规格	数量
1	崂山耐冬	株	1	24	细叶芒	株	3
2	茶梅球	株	2	25	矮蒲苇	株	2
3	毛叶杜鹃球	株	2	26	花叶芦竹	株	30
4	茶花	株	2	27	蓝羊茅	株	5
5	龟甲冬青球	株	1	28	韭莲	株	20
6	穗花牡荆	株	1	29	黑心菊	株	5
7	南天竹	株	1	30	德国景天	株	6
8	崂山石竹	株	3	31	佛甲草	m^2	22.5
9	大花萱草	株	20	32	大花美人蕉	株	3
10	百子莲	株	10	33	木贼	株	3
11	花叶玉簪（大盆）	株	1	34	大叶吴风草	株	2
12	花叶玉簪（中盆）	株	1	35	班叶芒	株	2
13	花叶玉簪（小盆）	株	6	36	须苞石竹	株	8
14	蛇鞭菊	株	15	37	堇菜花	株	4
15	腹水草	株	2	38	圆锥绣球	株	3
16	日本绣线菊	株	7	39	欧石竹	m^2	19.5
17	宿根鼠尾草	株	5	40	矮麦冬	m^2	17.5
18	滨菊	株	4	41	砾石	m^2	57.5
19	芙蓉菊	株	5	42	崂山景石	块	4
20	婆婆纳	株	41	43	土工布	m^2	57.5
21	花叶玉蝉	株	11	44	隔根板	m	50
22	五色梅	株	3	45	不锈钢土石隔离带	m	50
23	兰花三七	株	4	46	繁星粉色	株	84

⑪《水韵－凤凰城》

2023年

山东绿城市政园林工程有限公司

作品设计

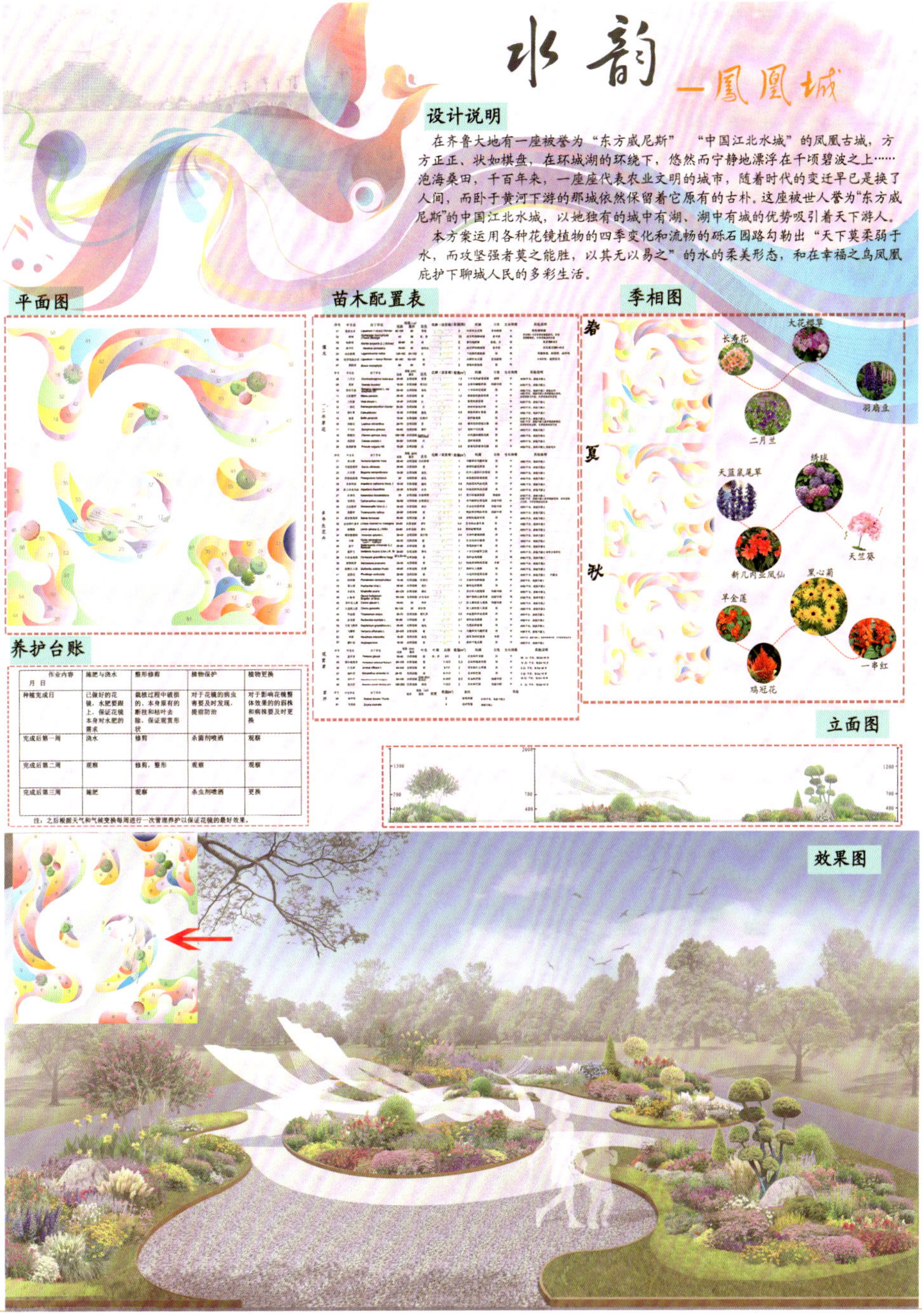

作品简介

作品运用灵动的线条勾勒出水的形态，白砂做河，做景为城，打造古城缩影；以艳丽色彩为笔，展现人民幸福生活；凤凰栖于上，寓有守护之意，色彩取红色，代表吉祥、幸福，同时起到引人瞩目的作用。 应对地块调整，灵活变通，合理规划地块划分。植物上花材调节色彩基调，叶材增添野趣，骨架植物塑造层次空间，打造多彩林下路缘花境。

作品赏析

专家点评

该作品立意美好，非植物材料架构虚实结合，较好演绎了作品主题。建议优化平面斑块形状与布局，控制植物栽植密度，提高作品的可观赏性。

序号	材料名称	规格	数量	序号	材料名称	规格	数量
1	亮晶女贞塔	株	2	28	山桃草	株	40
2	绣球	株	3	29	大叶美人蕉	株	15
3	红宝石南天竹	株	7	30	花叶美人蕉	株	5
4	天鹅绒丛生矮紫薇	株	1	31	穗花婆婆纳	株	30
5	造型亮晶女贞	株	1	32	花叶玉簪（大）	株	4
6	亮晶女贞球	株	2	33	花叶玉簪（小）	株	6
7	蓝色波尔瓦	株	2	34	金边玉簪（大）	株	2
8	狐尾天门冬	株	10	35	金边玉簪（小）	株	4
9	皮球柏	株	2	36	大丽花	株	10
10	一串红	株	400	37	大麻叶泽兰	株	20
11	五彩牵牛	株	420	38	花叶络石	株	10
12	彩叶草	株	400	39	黄金塔	株	20
13	向日葵	株	20	40	小木槿	株	30
14	美女樱	株	400	41	佩兰	株	4
15	马利筋（金凤花）	株	8	42	柳叶马鞭草	株	6
16	鼠尾草	株	30	43	花叶矮蒲苇	株	3
17	钻石月季	株	15	44	蓝羊茅	株	5
18	四季海棠	株	10	45	火焰柳枝稷	株	4
19	矾根	托	6	46	金叶石菖蒲	株	30
20	银叶菊	株	100	47	佛甲草	m^2	30
21	金光菊	株	20	48	凤凰雕塑	座	1
22	松果菊	株	20	49	覆盖物	袋	3
23	绣线菊	株	20	50	隔离带	m	160
24	蛇鞭菊	株	26	51	白色水洗石	袋	60
25	长春花	株	100	52	无纺布	m^2	36
26	宿根六倍利	株	5	53	灌溉用具	套	1
27	火炬花	株	10				

作品设计

⑫《“荷谐玫好”多彩生活》

2023年

济南市公园发展服务中心

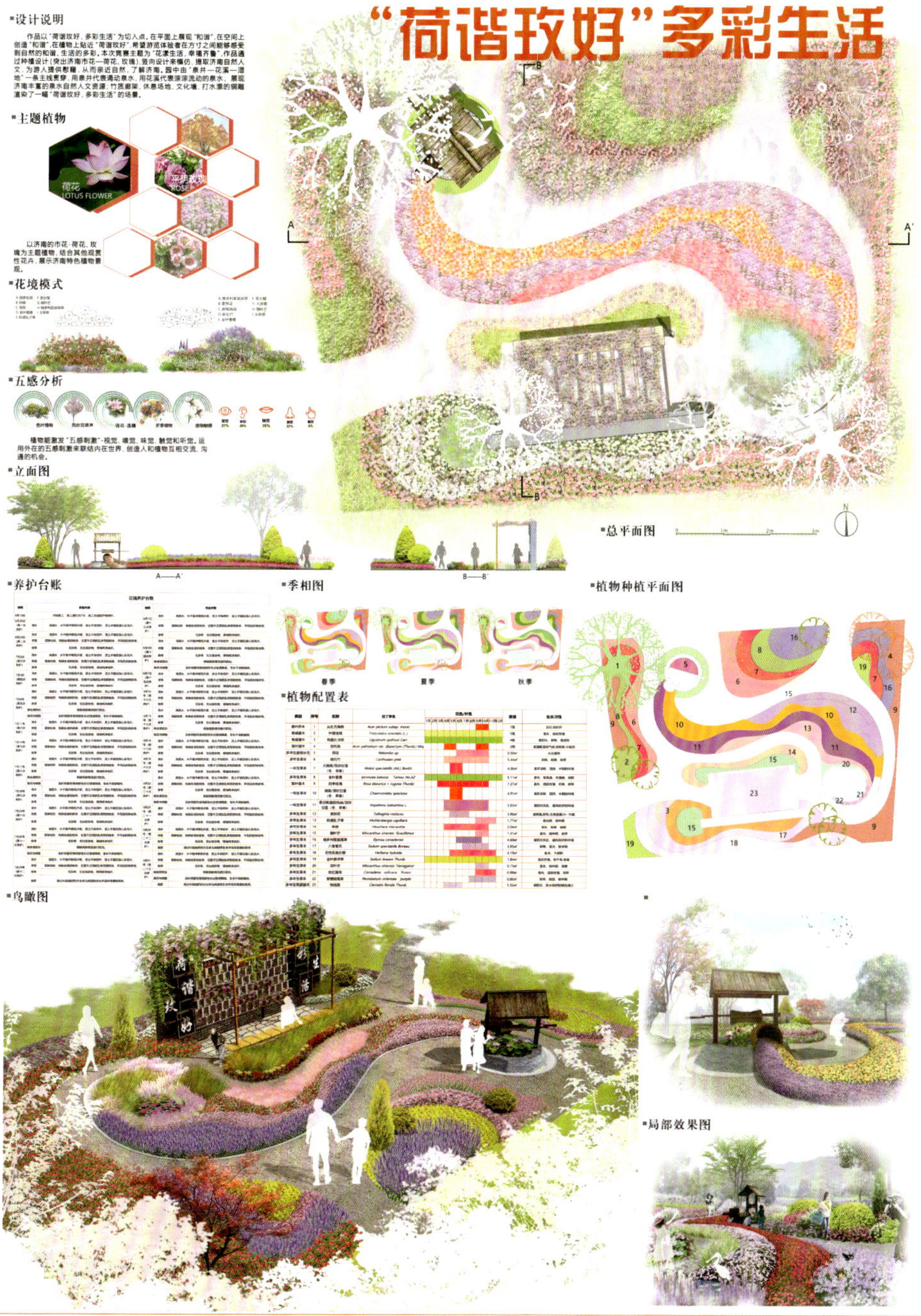
“荷谐玫好”多彩生活
设计说明
作品以“荷谐玫好，多彩生活”为切入点，在平面上展现“和谐”，在空间上创造“和谐”，在植物上贴近“荷谐玫好”，希望游览体验者在方寸之间能够感受到自然的和谐、生活的多彩。本次竞赛主题为“花漾生活，幸福齐鲁”，作品通过种植设计（突出济南市花—荷花、玫瑰）、竖向设计来模仿、提取济南自然人文，为游人提供慰藉，从而亲近自然，了解济南。园中由“泉井—花溪—湿地”一条主线贯穿，用泉井代表涌动泉水，用花溪代表潺潺流动的泉水，展现济南丰富的泉水自然人文资源；竹质廊架、休息场地、文化墙、打水漂的铜雕渲染了一幅“荷谐玫好，多彩生活”的场景。
主题植物
荷花
LOTUS FLOWER
ROSE
以济南的市花-荷花、玫瑰为主题植物，结合其他观赏性花卉，展示济南特色植物景观。
花境模式
五感分析
色叶植物
风吹花草声
荷花-莲藕
芳香植物
植物触摸
植物能激发“五感刺激”-视觉、嗅觉、味觉、触觉和听觉。运用外在的五感刺激来联结内在世界，创造人和植物互相交流、沟通的机会。
立面图
A——A′
B——B′
总平面图
养护台账
季相图
春季
夏季
秋季
植物配置表
植物种植平面图
鸟瞰图
荷
谐
玫
好
多
彩
生
活
局部效果图

作品简介

此作品以《荷谐玫好，多彩生活》为题，在平面、空间上展现“和谐”，在植物上贴近“荷谐玫好”。园中由“泉井—花溪—湿地”一条主线贯穿，用泉井代表涌动泉水，用花溪代表淙淙流动的泉水，展现济南丰富的泉水资源，希望游览体验者在方寸之间能够感受到自然的和谐、生活的多彩。

作品简介

该作品采用多种园林景观要素，线条流畅，色彩丰富。建议增加宿根花卉比例，优化平面布局和立面层次，以体现花境美观、长效、低维护的景观特质。

主要植物材料配置

序号	材料名称	规格	数量
1	荷花	盆径30cm	5
2	北海道黄杨	高1.8～2m	100
3	亮晶女贞	冠幅80～100cm	3
4	亮晶女贞	冠幅60～70cm	2
5	蓝色伯尔瓦	高80cm，冠幅50cm左右	2
6	蛇鞭菊	2加仑，高1m左右	50
7	宿根鼠尾草	2加仑，冠幅30cm	50
8	婆婆纳	2加仑，冠幅30cm	50
9	矾根	1加仑，冠幅25cm	100
10	松果菊	2加仑，冠幅30cm	50
11	日本雪草	1加仑，冠幅20cm	80
12	千屈菜	2加仑，冠幅25cm	15
13	金叶石菖蒲	1加仑，冠幅20cm	30
14	玉带草	1加仑，冠幅20cm	20
15	玫瑰	11cm，冠幅20cm	200
16	凌霄	2加仑，高3m	7
17	清凉紫	12cm，冠幅15cm	500
18	大花海棠	12cm，冠幅15cm	500
19	紫叶酢浆草	11cm，冠幅15cm	100
20	佛甲草	11cm，冠幅12cm	500
21	紫薇	3加仑，冠幅40cm	5
22	百子莲	2加仑，冠幅25cm	20
23	蓝羊毛	1加仑，冠幅25cm	10
24	花叶矮蒲苇	3加仑，冠幅50cm	10

（续）

序号	材料名称	规格	数量
25	花叶玉婵	2加仑，冠幅20cm	20
26	月季	1加仑，冠幅25cm	30
27	桑贝斯大红色	盆径12cm，冠幅15cm	300
28	桑贝斯紫红色	盆径12cm，冠幅15cm	300
29	玉簪	1加仑，冠幅20cm	50
30	山桃草	2加仑，冠幅25cm	50
31	花叶络石	2加仑，冠幅30cm	30
32	金叶薹草	1加仑，冠幅20cm	10
33	酢浆草	盆径11cm，冠幅15cm	100
34	大滨菊	盆径15cm，冠幅15cm	90
35	金光菊	2加仑，冠幅30cm	50
36	绣球	2加仑，冠幅30cm	80
37	香根草	2加仑，冠幅40cm	5
38	金光菊	2加仑，冠幅30cm	30
39	胡颓子	3加仑，冠幅50cm	5
40	彩叶杞柳	2加仑，高80cm	5

⑬《多彩新琅琊》

2024年

临沂经开园林集团有限公司

总平面图

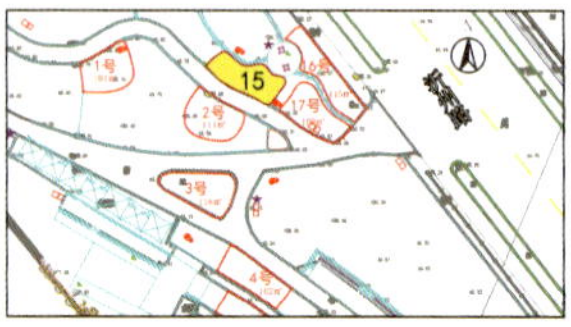

场地设计面积约：106 ㎡

图例

1 造型红枫
2 景石假山
3 山形景墙
4 石拱桥
5 卵石旱溪
6 精品球
7 精品冷杉
8 无尽夏
9 汀步石
10 石桥
11 展示牌

设计红线（约 106 ㎡）

效果图

沂水潺潺流墨韵，蒙山苍翠起涛声。

临沂因临近沂河得名，古称琅琊，是中华文明的重要发祥地之一。春秋时建启阳城，汉代为琅琊治所，清设沂州府；距今有3000多年的建城史，历史文化悠久，自然风光绵长。随着新时代的发展，新琅琊的文化也更加丰富多彩。

此作品以“多彩新琅琊”为主题，采用色彩鲜艳的山形景墙作为背景，渐变色的主题名称搭配色彩靓丽的山形景墙，色彩间的碰撞给人带来视觉上的巨大冲击，凸显出新琅琊的丰富多彩。山形背景墙与景石假山前后呼应，映衬出临沂的巍巍“蒙山”，旱溪中的卵石化“沂水”，山水之势与各类色彩鲜艳的花卉搭配成景，勾勒出一幅多彩新琅琊的绚丽篇章。

在植物搭配上，通过分层设计的手法对植物进行种植。顶层骨架植物以造型优美的红枫、冷杉为主；中层以细叶芒、南天竹、彩叶杞柳、六道木、无尽夏、狐尾天门冬、狼尾草、落新妇、八宝景天、金叶石菖蒲、姜荷花、蒲苇、墨西哥鼠尾草、大花葱等多年生各色系宿根花卉植物为主，形成层次分明、色彩丰富的花境田园；底层搭配佛甲草、金叶过路黄、花叶络石、蓝羊茅、芙蓉菊、玉龙草、小球玫瑰、大吴风草、矾根等宿根植物。各种植物栽植疏密有致，高低错落，游人漫步其中，欣赏新时代下的多彩琅琊新画卷。

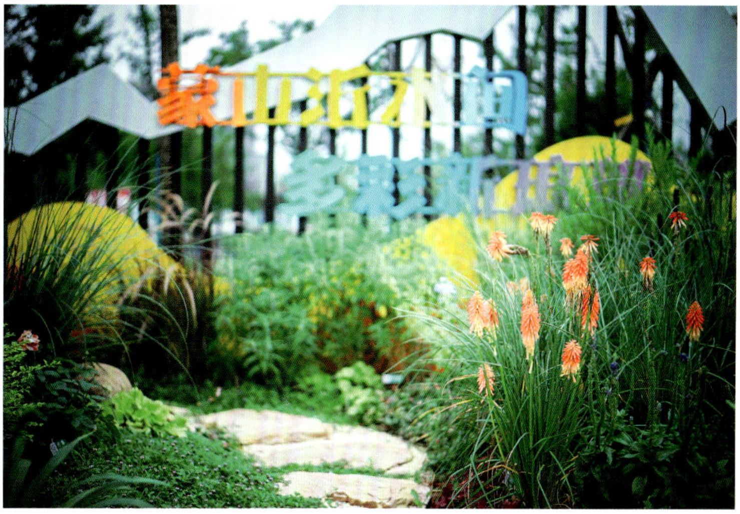
蒙山沂水间

专家点评

该作品主题立意具有鲜明的地域性特色，注重使用植物语言演绎作品主题，并使用较多形式的非植物材料架构作为渲染。落地作品的色彩与层次感较丰富，具有较好的观赏性。自第二次评审以来，加强了调整与养护，植物景观提升明显。建议优化小品构筑的数量、体量、材质、色彩及表达方式，使其和植物景观充分融合，协调美观；优化植物平面斑块配置和立面的层次搭配，更好地体现花境特色。

主要植物材料配置

序号	材料名称	序号	材料名称
1	造型海棠	28	木贼
2	忍冬	29	水果蓝
3	杞柳	30	穗花婆婆纳
4	南天竹	31	八宝景天
5	红宝石南天竹	32	山桃草
6	绣球无尽夏	33	大吴风草
7	火炬花	34	银叶菊
8	狐尾天门冬	35	蓝目菊
9	百子莲	36	金鸡菊
10	蛇鞭菊	37	芙蓉菊
11	月季	38	大滨菊
12	紫娇花	39	蓝雪花
13	矮蒲苇	40	木茼蒿
14	金纹蒲苇	41	金边玉簪
15	艾草	42	蓝羊茅
16	翠芦莉	43	金边麦冬
17	细叶芒	44	金叶石菖蒲
18	紫穗狼尾草	45	铜钱草
19	金丝薹草	46	矾根
20	墨西哥鼠尾草	47	须苞石竹
21	超级鼠尾草	48	萼距花
22	斑叶芒	49	花叶络石
23	风车草	50	薄雪万年草（中华景天）
24	黄菖蒲	51	佛甲草
25	再力花	52	金叶过路黄
26	飞鸽蓝盆花	53	姬岩垂草
27	丝兰		

⑭《云端逸境》

2024年

临沂林园市政园林工程有限公司

作品设计

植物种植图

在植物配置上，注重高低错落、疏密有致的原则，使花境在整体上呈现出自然、和谐的美感。

同时，考虑到季节变化对植物的影响，确保花境在不同季节都能呈现出不同的风貌和特色。

上木配置表

序号	植物名称	拉丁名	花/叶色	开花期及持续时间	株数(株)
1	蓝色波尔瓦	*Chamaecyparis pisifera cv. Boulevard*	蓝绿	常绿	2
2	银姬小蜡球	*Ligustrum sinense 'Variegatum'*	叶缘有银白色	4-6月	1
3	火焰卫矛	*Euonymus alatus 'Compactus'*	叶入秋火红	花期为5-6月，秋季观叶	1
4	蓝色波尔瓦	*Melaleuca bracteata*	叶金黄色	四季	1
5	安娜杜鹃	*Rhododendron simsii* Planch	花粉红色	春夏秋三季开花	1
6	完美冬青球	*Ilex chinensis* Sims	叶深绿色	果期7-12月	1
7	水果蓝球	*Teucriumfruticans* L.	叶片泛银色	4-6月	1
8	金叶绣线菊黄金喷泉	*Spiraea vanhouttei* (Briot) Carrière	叶片灿黄金，开花如绣球	6-9月	1
9	彩叶大花六道木	*Abelia × grandiflora*(André)Rehd	花白中带粉	5-11月	1
10	蓝叶忍冬	*Lonicera korolkowii*	叶蓝绿色，花玫瑰红色	5-8月	1
11	金边凤尾兰	*Yucca gloriosa* L.	叶剑形，圆锥花序，花乳白色	9-10月	1
12	矮蒲苇	*Cortaderia selloana 'Pumila'*	花穗银白色	9-10月抽穗	1

立面图

作品简介

作品意在营造一处宛如徜徉在云端般的悠闲空间，将春意盎然、新绿葱茏的景致融入其中，通过设计，使得每一株植物都仿佛承载着云朵的轻盈与柔软，充分展现“云端逸境”的设计主题。在空间布局上，采用自然流畅的曲线设计，将不同植物品种巧妙地融合在一起，形成一幅和谐的田园画卷。让生活在城市喧嚣中的人们在此处享受到郊野的趣味，体验徜徉在云端般的自在与惬意，感受诗与远方的美好向往。

作品赏析

逸境

境

专家点评

该作品设计方案平面空间自然，由非植物材料构建的“云朵”起到点题作用。落地作品与设计方案的相似度较高，由木段组成的隔断与植物融为一体。作品植物品种丰富，立面层次错落，有较好的观赏效果。建议进一步分析场地中上层植物在结构、立面构图及水景借景等方面的作用，优化主调植物的选择和配置；进一步优化构筑小品与植物景观的融合，相得益彰。

主要植物材料配置

序号	材料名称
1	蓝色波尔瓦
2	火焰卫矛
3	安库杜鹏
4	完美餐青球
5	水果蓝
6	菱叶　峡菊黄金　泉
7	彩叶大花六道木
8	蓝叶忍冬
9	金边凤尾兰

15《以“鲤”相待，好客山东，“鲤”乐泉城》

2024年

济南园林开发建设集团有限公司

作品设计

叁 平面及分析图

种植平面图

设计根据植物的生态习性，综合考虑植物的株高、花期、花色、质地等观赏特点。结合花境主题，选用的植物以常绿植物为骨架，主要以宿根花卉为主，多选择了在临沂露地越冬、不需要特殊养护且有较长的花期和较高的观赏价值，同时还可以根据实际需求进行调整。

植物更换计划表

序号	花卉品种	替换品种	季节
1	羽扇豆	火焰南天竹	秋冬季
2	大花飞燕草	南天竹	秋冬季
3	狐尾天门冬	羽衣甘蓝	冬季
4	金鸡菊	羽衣甘蓝	冬季
5	松果菊	棉毛水苏	冬季

叁 平面及分析图

鸟瞰图

作品简介

设计主题为“以‘鲤’相待，好客山东，‘鲤’乐泉城”。以“与泉相伴的锦鲤”为主线，融入生活场景，展现惬意的泉水生活，微地形塑造出圆润流畅的“锦鲤”造型，与花卉及构筑物完美融合，勾勒出一副灵动的锦鲤戏水图。

作品赏析

专家点评

该作品设计方案立意美好，平面线条流畅，整体构图较美观。非植物材料鱼型小品起到了较好的点题作用。充分考虑了游客的停留空间营造，植物品种较为丰富。半围合的植物景观，前低后高，缺乏高低错落之感。建议进一步考虑主题小品与花境景观的充分结合，考虑花境景观本身的特征表达及植物后期维护的需求等。

序列	材料名称	规格/株高（cm）	数量（株）
1	欧石竹	15～20	116
2	银叶菊	60	6
3	金鸡菊‘小闹钟’	20～30	3
4	朝雾草	10～20	4
5	藿香蓟	20～30	4
6	蛇鞭菊	60～120	29
7	大吴风草	20～30	22
8	紫菀	30～40	4
9	松果菊	50～80	8
10	柳叶白菀	50～80	9
11	大滨菊	30～70	4
12	大花金鸡菊	20～100	3
13	金叶石菖蒲	20～40	8
14	棕红薹草	30～50	26
15	多叶羽扇豆	50～100	12
16	紫娇花	30～60	35
17	百子莲	50～70	13
18	绣球‘无尽夏’	60～100	22
19	柔毛矾根	20～25	29
20	美洲矾根	20～25	20
21	圆叶玉簪	25～40	7
22	金边玉簪	50～70	6
23	巨无霸玉簪	30～80	12
24	澳洲朱蕉	60	30
25	狐尾天门冬	40～60	4
26	山桃草‘埃米琳’	40～50	44
27	美丽月见草	30～40	19
28	果汁阳台月季	30～40	17
29	大花月季	80～100	12
30	北葱	30～50	48

（续）

序列	材料名称	规格/株高（cm）	数量（株）
31	细叶美女樱	15～20	14
32	柳叶马鞭草	60～100	84
33	八宝景天	40～50	52
34	佛甲草‘金叶’	10～20	119
35	鼠尾草‘蓝霸’	40～80	5
36	卡拉多纳鼠尾草	50～70	6
37	荆芥‘蓝色忧伤’	60～100	32
38	假龙头	40～60	48
39	筋骨草	20～40	27
40	过路黄	10～20	17
41	大花飞燕草	40～70	23
42	蓝雪花	30～60，60～100	28
43	猫尾红	10～25	19
44	金沙蔓	10～20	3
45	墨西哥羽毛草	40～60	49
46	小兔子狼尾草	60～100	16
47	糖蜜草	30～50	25
48	细叶芒‘晨光芒’	100～200	14
49	亮晶女贞塔	100～140	2
50	亮晶女贞‘棒棒糖’	80～140	2
51	碗莲	20～30	7

⑯《莒绣风华，杏遇春秋》

2024年

瀚森园林有限公司

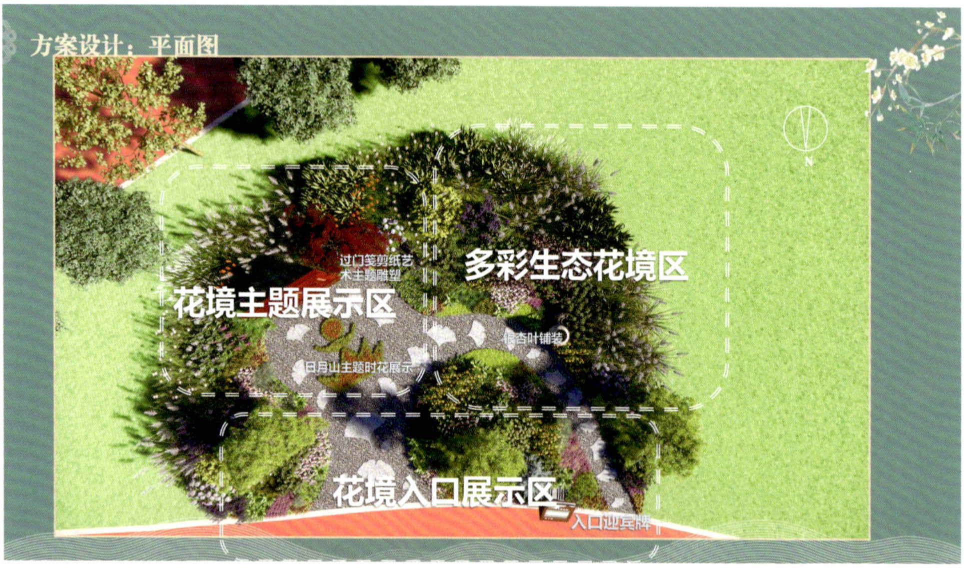
方案设计：平面图
过门笺剪纸艺
术主题雕塑
多彩生态花境区
花境主题展示区
银杏叶铺装
日月山主题时花展示
花境入口展示区
入口迎宾牌

方案设计：鸟瞰图

该作品以“莒绣风华·杏遇春秋”为主题。

1）主题释义

莒绣风华：几千年文化积淀，诉说着源远流长，以新形式展示多彩莒县。

杏遇春秋：在杏叶铺装引导行进中观看莒县文物展览、感受多彩莒县的变化，感悟莒县千年历史文化的魅力与活力。

2）主题设计理念——殷勤为作宜春曲，题向花笺贴绣楣

设计秉承“齐风鲁韵·花舞飞扬”的理念，向齐鲁莒大地展示底蕴深厚并充满活力的莒国文化，选取当地独具特色的非物质文化遗产——剪纸艺术，作为花境设计的主题。设计抽取与凝练不同色彩“过门笺”剪纸艺术中典型的纹样图案，提炼莒文化符号图案，以曲线场地构图象征“三千年古城、四千年银杏、五千年文化”莒国文脉的源远流长，通过植物平面设计、色彩搭配、季相变化以及与过门笺剪纸艺术文化密切相关的花境互动设施，着重表达过门笺剪纸艺术形式多样、题材广泛、构图美观、色彩鲜明、贴近社会、贴近生活的特征。

设计旨在通过花境展示，以一种崭新的方式向齐鲁莒大地年轻人展示充满智慧与活力的莒国过门笺剪纸艺术文化。

设计主题空间表达：花境入口展示区、花境主题展示区、多彩生态花境区。

构筑物分三种，表达过门笺剪纸艺术。——“何当共剪西窗烛，却话巴山夜雨时。”

（1）入口迎宾牌，以砖红色设计，象征莒县人民喜庆祥和、安居乐业之意，以金属材料附着文化符号，颜色与花境主题色呼应，形成交相辉映、长久展示的文化标识。

（2）过门笺剪纸艺术主题雕塑作为场地独有的特色雕塑，大体量地展现莒县劳动人民在几千年历史岁月里的生活实践和独特的文化历史环境中形成的颇具特色的剪纸艺术。

（3）银杏叶铺装，表达莒国源远流长文化，也展现四千年银杏元素在莒国过门笺剪纸艺术中的大量应用。

3）植物设计思路——笺绽风华传真情，红蓝黄绿万花境。

以现状对节白蜡与场地相融合，展现文化的底蕴，提取过门笺色彩，以红蓝黄为主色调。红色，代表了喜庆、祥和，以角堇等花境植物表达出喜庆祥和的氛围；蓝色，代表了沭河之水，代表了莒县蓝色天空，代表了莒县生态名城。以穗花牡荆等竖线条植物表达野趣与自然；黄色，代表了秋意盎然、累累硕果，以金鸡菊等植物表达丰收的喜悦。

搭配宿根花卉，通过鲁冰花等竖向花境材料和玉簪等不同质感的大叶植物相互交错搭配，形成了既有高低错落层次感和分层规整感，又有自然野性的特色花境。利用不同植物的高低错落及根据人文视觉观赏角度设计的微地形，营建色彩自然和谐、景观层次丰富、季相变化多样的园林观赏花境。

专家点评

该作品借用当地独特的非遗文化过门笺剪纸艺术的表达手法，意欲表达“三千年古城、四千年银杏、五千年文化”的莒故文脉。落地作品较好地利用该地块中原有的三株造型树作为作品的骨架，增加了作品的稳定感与层次感。花境设计立面层次丰富，错落有致。建议将主题立意以及选取的非植物小品和植物景观表达更好地结合，植物栽植密度尽量符合植物生长习性及对管理的需求，避免堆砌之感；考虑覆盖等辅助性材料和植物之间的协调性。

序号	名称	规格株高（cm）	序号	名称	规格株高（cm）
1	穗花牡荆	130～150	19	矾根	20～30
2	穗花婆婆纳	40～50	20	蓝羊茅	40
3	绣线菊	100	21	金叶石菖蒲	40
4	晨光芒	150	22	紫花地丁	15～20
5	矮蒲苇	120	23	满天星	80
6	红瑞木	120	24	筋骨草	25～40
7	佛甲草	10～20	25	火炬花	80～120
8	金边麦冬	30	26	鲁冰花	40～70
9	冰生溲疏	60	27	角堇	10～30
10	地被石竹	10	28	金叶风箱果	120～150
11	萱草	30～60	29	狼尾草	30～120
12	荆芥	150	30	绣球	50～100
13	华北蓝盆花	60	31	假龙头	60～120
14	玉簪	40	32	八角金盘	60～150
15	大花金鸡菊	20～100	33	蓝冰柏	130～160
16	千叶蓍	100	34	金叶莸	50～60
17	美丽月见草	30	35	红枫（造型）	150
18	马蔺	40～60			

17《百花悦夏》

2024年

山东远彤园林有限公司

百花湖公园花镜效果图
百花悦夏
设计说明：3号地块，本作品主题遵循自然与自然相结合，模仿大自然的生态变化，选择多年生的宿根花卉，多样化的品种为主题，注重长效、色彩、层次、生态、自然变化，疏密有致，呈现出丰富色彩变化的生态感，营造人与自然环境的互动性和体验感。

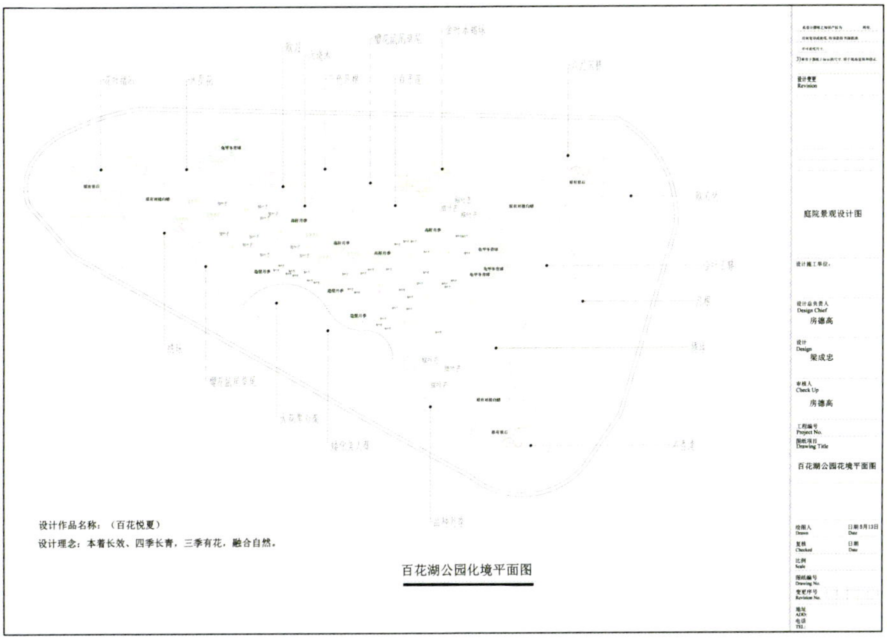
设计作品名称：（百花悦夏）
设计理念：本着长效、四季长青，三季有花，融合自然。
百花湖公园化境平面图
设计变更 Revision
庭院景观设计图
设计总负责人 Design Chief
房德高
设计 Design
梁成忠
审核人 Check Up
房德高
工程编号 Project No.
图纸项目 Drawing Title
百花湖公园花境平面图
比例 Scale

作品简介

此作品以尊重自然，融于自然为主题，模拟大自然的生态变化，选择多年生的宿根花卉、多样化的品种为主题，注重长效、色彩、层次、生态、自然变化、疏密有致，呈现出丰富色彩变化的生态感，营造出人与自然环境的互动性和体验感。

专家点评

该作品立意清新，符合季节特色，植物品种较为丰富。选用多种适生植物，模仿自然界植物景观。选用竖线植物弱化了中下层植物与原有造型树之间的竖向空挡。建议深入分析场地内现状造型树与花境的关系，扬长避短，选择合理的花境植物材料和配置手法，充分表达出花境在平面和立面上的景观特征；植物栽植符合植物生长习性和后续管理需求。

主要植物材料配置

序号	材料名称	数量	序号	材料名称	数量
1	蓝色绣球	3	24	太阳神殿	6
2	太阳神殿	4	25	玉簪	2
3	芭蕉	11	26	玉簪	1
4	乌托邦	5	27	金鸡菊	3
5	乌托邦	3	28	百子莲	36
6	千鸟花	8	29	花叶美人蕉	4
7	千鸟花	8	30	黄金菊	7
8	大麻叶泽	9	31	蛇边菊	6
9	玉蝉花	5	32	翠芦莉	16
10	巧克力朱蕉	3	33	金箍草	20
11	黄金香柳	6	34	花叶落石	11
12	彩虹朱蕉	3	35	樱桃鼠尾草	4
13	小盼草	8	36	花叶玉簪	15
14	箱根草	16	37	大叶玉簪	15
15	马鞭草	30	38	鸟巢蕨	3
16	银叶菊	6	39	超级鼠尾草	186
17	大花六道木	1	40	蓝羊茅	10
18	灯芯草	6	41	银叶菊	4
19	贝拉安娜	11	42	金边玉簪	8
20	红宝石南天竹	9	43	中华景天	179
21	湾流南天竹	3	44	鼠尾草	10
22	马樱丹	20	45	玉簪	4
23	细叶芒	30	46	花叶芒	6